Geografia industrial

EDITORA intersaberes

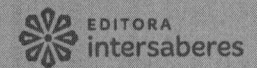

O selo DIALÓGICA da Editora InterSaberes faz referência às publicações que privilegiam uma linguagem na qual o autor dialoga com o leitor por meio de recursos textuais e visuais, o que torna o conteúdo muito mais dinâmico. São livros que criam um ambiente de interação com o leitor – seu universo cultural, social e de elaboração de conhecimentos –, possibilitando um real processo de interlocução para que a comunicação se efetive.

DIALÓGICA

Geografia industrial

Alceli Ribeiro Alves
Eloisa Maieski Antunes

EDITORA intersaberes

Rua Clara Vendramin, 58 . Mossunguê . CEP 81200-170 . Curitiba . PR . Brasil
Fone: (41) 2106-4170 . www.intersaberes.com . editora@editoraintersaberes.com.br

Conselho editorial
Dr. Ivo José Both (presidente)
Drª Elena Godoy
Dr. Neri dos Santos
Dr. Ulf Gregor Baranow

Editora-chefe
Lindsay Azambuja

Supervisora editorial
Ariadne Nunes Wenger

Analista editorial
Ariel Martins

Preparação de originais
Bruno Gabriel

Edição de texto
Palavra do Editor
Floresval Nunes Moreira Junior

Capa
Luana Machado Amaro (*design*)
Travel mania/Shutterstock (imagem)

Projeto gráfico
Mayra Yoshizawa

Diagramação
Regiane Rosa

Equipe de design
Luana Machado Amaro
Sílvio Gabriel Spannenberg

Iconografia
Célia Regina Tartalia e Silva
Regina Claudia Cruz Prestes

Dados Internacionais de Catalogação na Publicação (CIP)
(Câmara Brasileira do Livro, SP, Brasil)

1ª edição, 2019.

Foi feito o depósito legal.

Informamos que é de inteira responsabilidade dos autores a emissão de conceitos.

Nenhuma parte desta publicação poderá ser reproduzida por qualquer meio ou forma sem a prévia autorização da Editora InterSaberes.

A violação dos direitos autorais é crime estabelecido na Lei n. 9.610/1998 e punido pelo art. 184 do Código Penal.

Alves, Alceli Ribeiro
    Geografia industrial/Alceli Ribeiro Alves, Eloisa Maieski Antunes. Curitiba: InterSaberes, 2019.
    Bibliografia.
    ISBN 978-85-5972-946-7
    1. Condições econômicas 2. Espaço geográfico. 3. Geografia econômica 4. Geografia industrial 5. Indústrias – Brasil 6. Indústrias – História I. Antunes, Eloisa Maieski. II. Título.
18-22260   CDD-330.9

Índices para catálogo sistemático:
1. Geografia industrial: Economia 330.9

Cibele Maria Dias – Bibliotecária – CRB-8/9427

Sumário

Apresentação | 11

Organização didático-pedagógica | 17

1. Geografia industrial: origens e perspectivas | 21
   1.1 Notas introdutórias sobre geografia econômica e geografia industrial | 23
   1.2 Indústria, Revolução Industrial e a Quarta Revolução Industrial | 25
   1.3 Evolução e perspectivas da geografia industrial no Brasil | 38

2. Atividades econômicas e tipos de indústrias | 57
   2.1 Classificação e tipos de indústrias | 59
   2.2 Classificação Nacional de Atividades Econômicas (Cnae) | 64
   2.3 Indicadores de produção industrial | 73

3. Abordagens em geografia industrial: as teorias de localização | 87
   3.1 Teoria do Estado isolado, de Johann Heinrich Von Thünen | 89
   3.2 Teoria de localização industrial, de Alfred Weber | 95
   3.3 Teoria dos lugares centrais, de Walter Christaller | 98
   3.4 Teoria dos polos de crescimento, de François Perroux | 99

4. Fatores de localização e as perspectivas da geografia industrial | 115
   4.1 Fatores de localização industrial: clássicos e contemporâneos | 117
   4.2 Sistemas de produção, *global value chains* e *upgrading* industrial | 128

5. Tigres Asiáticos e China: indústria, comércio e crescimento liderado pelas exportações | 149
   - 5.1 Formação das zonas de processamento de exportação | 152
   - 5.2 Fatores que colaboram para o desenvolvimento econômico dos Tigres Asiáticos | 154
   - 5.3 Singapura | 156
   - 5.4 Coreia do Sul | 166
   - 5.5 Hong Kong | 170
   - 5.6 Taiwan | 172
   - 5.7 China | 175

6. Transporte e indústria | 187
   - 6.1 Fatores que norteiam as relações entre transporte e localização industrial | 189
   - 6.2 Transporte aquaviário | 192
   - 6.3 Transporte aeroviário | 206
   - 6.4 Transporte terrestre | 208

Considerações finais | 225
Referências | 227
Bibliografia comentada | 241
Respostas | 243
Sobre os autores | 247

Dedico este livro a Alice, Clara e Josiane,

com amor incondicional.

Alceli Ribeiro Alves

Às professoras Olga Firkowski e Silvia Selingardi-Sampaio, referências importantes no âmbito da geografia humana e econômica e, particularmente, da geografia industrial. Essas profissionais são fontes de inspiração para quem deseja conduzir seus estudos, seu aprendizado e sua carreira profissional pelos caminhos da geografia econômica e industrial. Para desenvolver competências nessas áreas da geografia, é fundamental que o interessado e estudioso realize a tarefa de conhecer e analisar a obra e as contribuições efetuadas por essas professoras. A elas, minha eterna gratidão.

Alceli Ribeiro Alves

Apresentação

Nosso objetivo, com este livro, consiste em analisar e esclarecer o papel que a indústria exerce na produção e transformação do espaço geográfico. Trata-se de uma obra que apresenta uma perspectiva alternativa ou, ainda, um caminho para quem deseja dar os primeiros passos na tentativa de compreender a relação entre espaço e indústria.

Para isso, voltaremos nossa atenção à geografia industrial, a qual pode ser considerada uma disciplina específica da geografia humana, mas também, como veremos, um sub-ramo da disciplina de geografia econômica. Entender sua inserção no amplo contexto histórico e epistemológico da geografia é uma tarefa à qual nos dedicaremos nesta obra.

A perspectiva da geografia industrial é distinta. Apesar de seu enquadramento na grande área ou disciplina de geografia econômica, ela tem algumas particularidades. A geografia econômica trata da produção do espaço geográfico a partir da realização das atividades econômicas, mas é preciso considerar que a produção do espaço geográfico, por sua vez, também gera impactos nos processos econômicos em diversas escalas.

A geografia industrial certamente apresenta uma identidade relativamente distinta, um objeto específico, metodologias próprias e questões específicas a serem respondidas. Porém, como parte integrante da geografia, é também, por natureza, um ramo do conhecimento inter e multidisciplinar. Portanto, nesta obra, em alguns momentos nos aproximaremos dos conhecimentos que envolvem as ciências econômicas, a história, a matemática e a estatística, entre outras áreas.

Destacamos, contudo, que outros recortes transversais podem igualmente estar presentes na reflexão que você, leitor ou leitora, poderá fazer sobre os conceitos, as teorias e os temas que discutiremos aqui, entre eles as questões ambientais e as questões éticas. Nosso objetivo não consiste em realizar uma análise profunda sobre esses aspectos, mas é importante que você perceba que essas questões emergem das discussões ou podem ainda estar implícitas nas relações que envolvem as empresas, os governos, as instituições, a natureza, a sociedade, as classes de trabalhadores, os sindicatos e as comunidades em geral.

A indústria tem a capacidade de envolver todos esses agentes e instituições que contribuem para o processo de transformação do espaço geográfico. Quando tratamos, por exemplo, dos fatores que influenciam na localização da atividade industrial, estamos refletindo sobre a importância de elementos naturais e humanos presentes nos diferentes territórios e regiões.

Quando uma fábrica se instala em determinada região, as oportunidades surgem e colocam em movimento pessoas, recursos, tecnologias, capitais etc. Empregos e renda podem ser gerados por meio da atividade industrial. O crescimento econômico e o desenvolvimento também são estimulados a partir da instalação e funcionamento dessa fábrica, e a atividade industrial passa a exercer papel importante não apenas no que concerne à economia e à sociedade, mas também na produção do espaço geográfico de modo geral.

Da mesma forma, quando uma fábrica lança resíduos e poluentes nos rios, há implicações sociais, econômicas e ambientais decorrentes dessa ação. São as contradições que se revelam a partir da atividade industrial. É a dialética, é o jogo dos contrários. Assim como a indústria pode trazer benefícios para indivíduos, países e regiões, ela pode gerar problemas que são inerentes à atividade industrial em particular, ou ainda, ao modo de produção capitalista em geral.

É por esses e outros motivos que a geografia industrial é uma disciplina importante não apenas para acadêmicos e instituições de ensino. Trata-se de um conhecimento muito mais amplo, que extrapola os limites das instituições de ensino e pesquisa e também da própria ciência geográfica de modo geral. A geografia industrial envolve e afeta um grupo maior de indivíduos, empresas, governos, instituições e, por que não dizer, economias regionais inteiras. Por isso, este é um livro que se destina não apenas a estudantes de graduação, pós-graduação e professores dedicados aos estudos da indústria, mas também a uma audiência que pode ser bastante diversificada e abrangente.

Considerando-se esse cenário em mente, a obra foi organizada em seis capítulos. O primeiro deles aborda de maneira introdutória as perspectivas e particularidades da geografia econômica e da geografia industrial, trazendo reflexões que apresentam interseções com a epistemologia da geografia e o próprio processo histórico de industrialização brasileira. Por isso, analisamos, ainda que de maneira sucinta, a evolução e as perspectivas da geografia industrial no Brasil e examinamos a evolução da indústria desde a Revolução Industrial iniciada na Inglaterra até a Quarta Revolução Industrial, no século atual.

O segundo capítulo trata da classificação e dos diferentes tipos de indústrias, da Classificação Nacional das Atividades Econômicas (Cnae) e dos indicadores de produção industrial. Buscamos esclarecer alguns procedimentos metodológicos relacionados à pesquisa em geografia industrial e, ainda, contribuir para que práticas de ensino e pesquisa possam ser conduzidas com base nos conhecimentos que serão adquiridos e nas competências e habilidades que poderão ser desenvolvidas.

O terceiro capítulo contempla algumas das principais teorias de localização, como a de Johann Von Thünen, Alfred Weber e Walter Christaller, além da teoria dos polos de crescimento, de François Perroux. Partindo dessas abordagens clássicas, chegamos ao pensamento contemporâneo em estudos de geografia industrial, no quarto capítulo, em que procuramos esclarecer o que influencia ou determina a localização da atividade industrial. Além disso, examinamos os sistemas de produção de maneira mais ampla, analisando perspectivas contemporâneas situadas no contexto da globalização, tais como a perspectiva das cadeias globais de valor, a da *Global Production Networks* e a do *upgrading* industrial.

No quinto capítulo, nosso enfoque é um pouco mais abrangente, consistindo numa análise que envolve o desenvolvimento industrial ocorrido nos chamados Tigres Asiáticos e na China. O caso desses países foi escolhido porque, nas décadas de 1950 e 1960, esses territórios apresentavam economias com grandes problemas estruturais, como inflação alta, desemprego e mão de obra pouco qualificada; porém, após a aplicação de diversas estratégias políticas, comerciais, industriais e empresariais, eles alcançaram sucesso econômico e atualmente se destacam no cenário mundial. Portanto, certamente, trata-se de exemplos que precisam ser analisados para se constituir uma visão mais ampla acerca do processo de industrialização que vem ocorrendo na Ásia, em particular, e no mundo, se consideramos uma escala mais abrangente.

Por fim, o sexto capítulo trata da importância da logística para o desenvolvimento industrial e aborda a relação entre a geografia e a logística no Brasil. Buscamos discutir a relevância que aeroportos, portos, hidrovias, rodovias e ferrovias têm nos contextos regional e nacional, assim como na dinâmica econômica e espacial envolvida nas esferas de produção, distribuição e consumo.

Procuramos organizar este livro de forma que você possa compreender como a indústria estabelece relações com diversos setores da economia e com variados lugares do mundo. Ela não se limita, portanto, apenas à atividade manufatureira o espaço e à localidade na qual está geograficamente inserida. A indústria transforma o espaço geográfico e é transformada por ele. Levando em consideração os temas e os argumentos a serem abordados, esperamos que esta obra não necessariamente dê respostas prontas sobre a dinâmica industrial. Nosso desejo é que ela possa incitar você, caro leitor ou leitora, a realizar análises e reflexões que produzam novos questionamentos e ideias importantes para a compreensão da produção do espaço a partir da perspectiva da indústria.

Boa leitura!

Organização didático-pedagógica

Este livro traz alguns recursos que visam enriquecer seu aprendizado, facilitar a compreensão dos conteúdos e tornar a leitura mais dinâmica. São ferramentas projetadas de acordo com a natureza dos temas que vamos examinar. Veja a seguir como esses recursos se encontram distribuídos na obra.

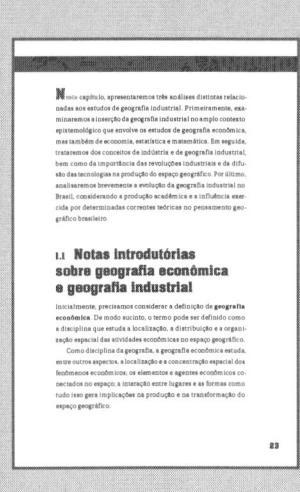

Introdução do capítulo
Logo na abertura do capítulo, você é informado a respeito dos conteúdos que nele serão abordados, bem como dos objetivos que o autor pretende alcançar.

Importante!
Algumas das informações mais importantes da obra aparecem nestes boxes. Aproveite para fazer sua própria reflexão sobre os conteúdos apresentados.

Preste atenção!

Nestes boxes, você confere informações complementares a respeito do assunto que está sendo tratado.

Síntese

Você conta, nesta seção, com um recurso que o instigará a fazer uma reflexão sobre os conteúdos estudados, de modo a contribuir para que as conclusões a que você chegou sejam reafirmadas ou redefinidas.

Indicações culturais

Ao final do capítulo, os autores oferecem algumas indicações de livros, filmes ou *sites* que podem ajudá-lo a refletir sobre os conteúdos estudados e permitir o aprofundamento em seu processo de aprendizagem.

Atividades de autoavaliação

Com estas questões objetivas, você tem a oportunidade de verificar o grau de assimilação dos conceitos examinados, motivando-se a progredir em seus estudos e a se preparar para outras atividades avaliativas.

Atividades de aprendizagem

Aqui você dispõe de questões cujo objetivo é levá-lo a analisar criticamente determinado assunto e aproximar conhecimentos teóricos e práticos.

Bibliografia comentada

Nesta seção, você encontra comentários acerca de algumas obras de referência para o estudo dos temas examinados.

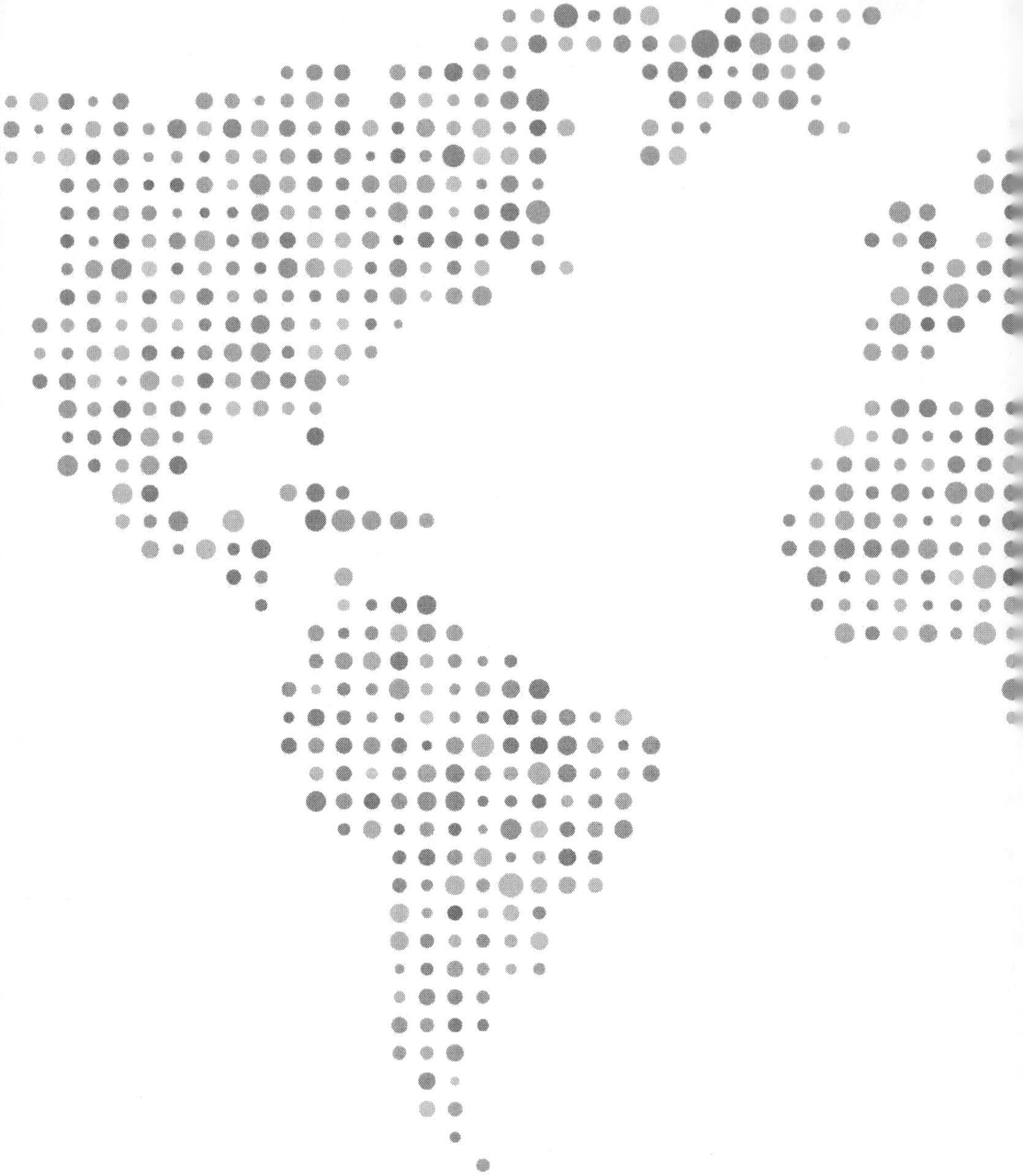

I

Geografia industrial: origens e perspectivas

Neste capítulo, apresentaremos três análises distintas relacionadas aos estudos de geografia industrial. Primeiramente, examinaremos a inserção da geografia industrial no amplo contexto epistemológico que envolve os estudos de geografia econômica, mas também de economia, estatística e matemática. Em seguida, trataremos dos conceitos de indústria e de geografia industrial, bem como da importância das revoluções industriais e da difusão das tecnologias na produção do espaço geográfico. Por último, analisaremos brevemente a evolução da geografia industrial no Brasil, considerando a produção acadêmica e a influência exercida por determinadas correntes teóricas no pensamento geográfico brasileiro.

1.1 Notas introdutórias sobre geografia econômica e geografia industrial

Inicialmente, precisamos considerar a definição de **geografia econômica**. De modo sucinto, o termo pode ser definido como a disciplina que estuda a localização, a distribuição e a organização espacial das atividades econômicas no espaço geográfico.

Como disciplina da geografia, a geografia econômica estuda, entre outros aspectos, a localização e a concentração espacial dos fenômenos econômicos; os elementos e agentes econômicos conectados no espaço; a interação entre lugares e as formas como tudo isso gera implicações na produção e na transformação do espaço geográfico.

A geografia econômica pode ser considerada também como uma disciplina de vanguarda, no sentido de estar à frente das inovações que impactam diretamente a geografia com um todo. Trata-se de uma disciplina que responde às mudanças de paradigmas que influenciam a ciência geográfica, incorporando tais mudanças, negando-as ou adaptando-as à realidade e ao objeto de estudo da geografia. Portanto, é também uma vertente que se relaciona com diversas áreas do conhecimento, não necessariamente limitadas à geografia. O uso do rigor científico e a aproximação com a matemática, a economia e a estatística fazem da geografia econômica um ramo certamente distinto entre as diversas disciplinas que compõem a chamada *ciência geográfica*.

De acordo com Alves (2015, p. 27), a geografia econômica pode ser entendida como um ramo do conhecimento científico que é, por natureza, "multi e interdisciplinar". É um ramo que recebeu influência de várias outras disciplinas ou áreas do conhecimento, dentro e fora da geografia.

No âmbito da geografia, Paul Vidal de La Blache, Friedrich Ratzel e Walter Christaller são nomes importantes nesse contexto. No âmbito das outras ciências, destaca-se toda uma geração de intelectuais que ficou conhecida como "os teóricos de localização" (Alves, 2015, p. 28).

Importante!

Um dos sub-ramos da geografia econômica é a **geografia industrial**, disciplina da geografia que se preocupa em analisar e explicar o impacto exercido pelas atividades industriais no processo de produção do espaço geográfico. Os estudos realizados no âmbito dessa disciplina são frequentemente pautados por diversos tipos de abordagens, conceitos e temas.

Por isso, geógrafos economistas e geógrafos dedicados aos estudos da indústria tendem a se dedicar a questões diversas, que envolvem, por exemplo, o comércio internacional, a localização industrial, a competividade de regiões e indústrias na economia mundial, o processo de globalização, além do desemprego na indústria e suas implicações para a classe operária, para os diversos setores da indústria e para as localidades de forma geral.

Na seção seguinte, trataremos da indústria de modo particular. Examinaremos brevemente os conceitos de indústria e de geografia industrial e passaremos a considerar o papel que as revoluções industriais e as inovações tecnológicas exerceram nas últimas décadas.

1.2 Indústria, Revolução Industrial e a Quarta Revolução Industrial

Tentar definir o que é indústria e buscar compreender qual é o objeto de estudo da geografia industrial são tarefas muito importantes a serem realizadas para quem inicia seus estudos em geografia industrial. Ao realizar essas tarefas, você perceberá que os estudos de geografia industrial apresentam diversas interseções analíticas com diferentes disciplinas no âmbito da geografia e também de outras áreas do conhecimento.

> **Importante!**
>
> A geografia industrial é uma disciplina importante para aquisição de novos conhecimentos e o desenvolvimento de competências que podem ser empregadas em análises que envolvem múltiplas variáveis e contextos socioespaciais distintos.

Para muitos estudiosos de geografia econômica, a geografia industrial pode ser definida como um sub-ramo da geografia econômica, que trata da organização espacial da atividade manufatureira. Considerando a clássica divisão entre setores da economia (primário, secundário, terciário etc.), poderíamos afirmar que a geografia industrial trata das atividades realizadas no âmbito do **setor secundário da economia**.

Doug Watts, professor emérito da Universidade de Sheffield, na Inglaterra, reconhece que o termo *indústria* é geralmente utilizado para se referir amplamente a qualquer tipo de atividade econômica, tais como a indústria da pesca, a de eletrônicos e a automotiva. Para esse autor, "a esfera de interesse da geografia industrial é geralmente restrita à chamada indústria manufatureira, incluindo-se aqui indústrias que processam produtos agrícolas, minerais e florestais" (Watts, 1987, p. 1, tradução nossa).

Watts (1987, p. 1, tradução nossa) assim se refere ao objeto de estudo da geografia industrial:

> a tarefa central da geografia industrial contemporânea é descrever e explicar as mudanças no padrão espacial da atividade industrial. Essa é uma tarefa que fornece um foco distinto para a geografia industrial, um foco que distingue essa disciplina das demais

disciplinas relacionadas ao campo da economia e da sociologia industrial. A ênfase em geografia industrial está em explicar onde e por que as mudanças na localização da atividade industrial aconteceram e na tentativa de buscar entender por que algumas áreas experimentam crescimento industrial e outras estão sujeitas a declínio industrial.

Portanto, na perspectiva de Watts, o objeto de estudo da geografia industrial se limitaria à chamada **indústria manufatureira**. Todavia, para Anders Malmberg, professor de Geografia Econômica da Universidade de Uppsala, na Suécia, "tal visão não encontraria muitos adeptos atualmente" (Malmberg, 1994, p. 532, tradução nossa). Na visão desse autor, os sistemas de produção sofreram muitas mudanças nas últimas décadas e seria pouco importante considerar uma distinção entre a atividade manufatureira e outros tipos de atividade econômica, ainda que sejam de outros setores da atividade econômica.

O trabalho de Neil Smith (2003) contém uma análise crítica e didática acerca de como essa rígida definição do objeto de estudo da geografia industrial, enraizada apenas na atividade manufatureira, é bastante limitada. Utilizando o exemplo de uma fábrica de salsichas, Smith compara o serviço prestado pelas instituições de ensino superior (IESs), sobretudo privadas, com os serviços prestados por uma fábrica de salsichas.

Obviamente, na análise que se faz desse autor, os trabalhadores da educação são considerados distintos dos operários das fábricas de salsichas, pois apresentam qualificações e competências distintas. Porém, a lógica de produção capitalista certamente está presente em ambas as atividades.

O professor, assim como o operário da fábrica de salsichas, vende sua força de trabalho em troca de um salário e deve produzir segundo as técnicas e as tecnologias disponíveis. Há toda uma indústria do conhecimento, da produção de mão de obra, de qualificação profissional, de produção de material didático e institucional, de consultorias e palestras etc.

Todas essas atividades envolvem diferentes setores da atividade econômica e evidenciam que o objeto de estudo da geografia industrial realmente não se limita à atividade manufatureira. Por isso, sem deixar de considerar o peso que a atividade manufatureira exerce no contexto geral, nossa perspectiva aqui é um pouco mais flexível nesse sentido.

Preferimos adotar uma definição que possibilita reconhecer a indústria como um importante **agente produtor do espaço** capaz de estabelecer relações entre os diferentes setores da economia e da atividade econômica, resultando em diferenças espaciais e socioeconômicas. Considerando-se essa perspectiva, o termo *indústria* pode ser relacionado também ao conceito de *cadeia de produção*.

A associação entre os termos pode ser facilmente observada, pois ambos dizem respeito a onde e como as firmas se organizam no espaço e quais são as implicações disso para o desenvolvimento econômico e regional. Para Hopkins e Wallerstein (1994, p. 17, tradução nossa), "todas as firmas ou unidades de produção recebem *inputs* e enviam *outputs*. A capacidade das firmas em transformar *inputs* que resultam em *outputs* é que as localiza dentro de uma cadeia de *commodities*, ou, frequentemente, dentro de múltiplas cadeias de *commodities*".

Outra discussão importante relacionada diretamente ao conceito de indústria é a que se refere à **Revolução Industrial**, tema recorrente em estudos de história e geografia. As transformações socioespaciais derivadas da difusão desigual dessa revolução e de suas tecnologias no tempo e no espaço revelaram que a indústria realmente é um importante agente produtor do espaço geográfico.

Para Gregory et al. (2000, p. 385, tradução nossa), a Revolução Industrial pode ser definida como "uma transformação das forças de produção, centrada no circuito do capital industrial". Esse conceito considera as transformações que envolvem a força de trabalho e os meios de produção e valoriza o tipo de capital empregado nessas transformações.

Arruda (1988) menciona que o termo *Revolução Industrial* passou a ser utilizado com mais frequência no meio acadêmico a partir do final do século XIX. O referido autor argumenta que o trabalho de Arnold Joseph Toynbee deu início a essas discussões, sobretudo com as aulas ministradas em 1882 e a publicação de suas *Lectures on the Industrial Revolution of the Eighteenth Century in England,* em 1884.

Figura 1.1 - Arnold Toynbee

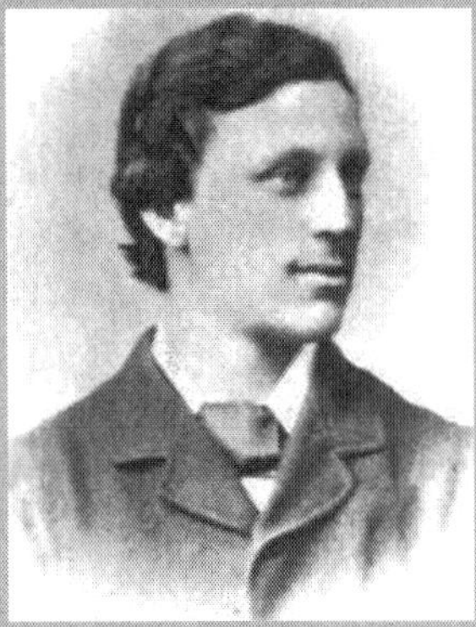

The History Collection/Alamy/Fotoarena

No entanto, parece haver um equívoco envolvendo os nomes de Arnold Joseph Toynbee e Arnold Toynbee. Quando Arruda (1988) trata do surgimento do termo *Revolução Industrial* em sua obra, atribui a Arnold Joseph Toynbee o título de precursor das discussões em torno deste tema.

Arnold Joseph Toynbee foi um historiador britânico nascido em 1889. Em nosso entendimento, Arruda (1988) quis se referir na verdade ao trabalho de Arnold Toynbee (Figura 1.1), economista britânico nascido em 1852, tio de Arnold Joseph Toynbee. Nesse caso, as publicações de 1882 e 1884 só poderiam ser atribuídas a Arnold Toynbee, uma vez que seu sobrinho Arnold Joseph Toynbee ainda não havia nascido.

Importante!

A Primeira Revolução Industrial introduziu uma nova divisão social do trabalho, que passou a ser organizada com o uso de máquinas e dentro de fábricas. Capital e trabalho foram reunidos com o objetivo de gerar excedentes e lucros. Sem dúvida, as mudanças na organização espacial da produção dentro e fora das fábricas resultaram também na introdução de novas técnicas de produção, na difusão de grandes inovações tecnológicas, em mudanças na sociedade e no desenvolvimento desigual da atividade industrial.

Mas onde tudo isso começou?

É bastante comum encontrarmos na literatura a citação de que a Inglaterra foi o centro difusor dessas transformações. Vários foram os fatores que permitiram o pioneirismo inglês na Revolução Industrial, entre os quais é possível citar "o acúmulo de capital, a mão de obra excedente, a presença de matérias-primas, a configuração territorial e segurança nacional já estabelecidas e uma forte marinha mercante" (Alves, 2015, p. 104).

Com esses atributos, a Inglaterra foi pioneira não apenas na Revolução Industrial, mas também na difusão de diversas tecnologias ao redor do mundo. A Revolução Industrial permitiu que os ingleses fossem capazes de inovar em produtos e processos e acumular riquezas e capital que seriam mais tarde empregados na conquista de novos mercados, na elaboração e implementação de novas formas de produção e, sobretudo no século XX, na verticalização dos investimentos realizados no âmbito do sistema financeiro. Daí o porquê de defendermos a ideia de que indústria, comércio e serviços estão fortemente relacionados.

Como havia altos lucros sendo gerados por meio da indústria, por que não investir um montante considerável em financiamentos, empréstimos ou outras iniciativas que gerassem renda sem que necessariamente todo o investimento se concentrasse em manufatura? Essa foi a proposta inglesa, que, como sabemos, deu muito certo. A partir da industrialização, novas atividades foram surgindo e sendo incorporadas ao sistema econômico inglês, resultando em acúmulos sucessivos de capital e diversas ondas de crescimento econômico.

Associada à indústria, a rede de transportes e logística também passou por forte reestruturação e desenvolvimento. Por isso, foi nesse período de industrialização que surgiram também fortes investimentos no sistema portuário inglês. A região das Docklands é um exemplo bem importante nesse contexto.

Essa região foi reconstruída e deu lugar a centros comerciais e residências (Figura 1.2), mas no passado foi um importante nó espacial e comercial da economia mundial. A relação entre indústria, transportes e logística será analisada no Capítulo 6 deste livro.

Figura 1.2 – Vista das Docklands com o Rio Tâmisa e o coração financeiro de Londres

Levranii/Shutterstock

Conforme indicamos anteriormente, várias inovações surgiram com o advento da Revolução Industrial, como o trem a vapor, a máquina de fiar e o tear mecânico. A indústria têxtil foi uma das primeiras a experimentar essas inovações, empregando grandes quantidades de mão de obra e capital (Figura 1.3).

Essa indústria geralmente é uma das primeiras a se instalar em um país quando este decide se industrializar. A noção de *barriers to entry* analisada no contexto das cadeias globais de valor ajuda a compreender o porquê de essa indústria ser considerada pioneira no processo de industrialização em diversos países. Um dos motivos para isso é a facilidade com que competidores conseguem ingressar nesse tipo de atividade.

Figura 1.3 – Uso de máquinas na fabricação fios de algodão em Lancashire, Inglaterra, 1835

Everett Historical/Shutterstock

Na relação campo-cidade também foram observadas outras transformações importantes no que concerne à dimensão espacial das inovações tecnológicas ocorridas na Primeira Revolução Industrial. Esse processo gerou um movimento populacional importante ainda no século XVIII. Nesse período, a relação campo-cidade se intensificou e as cidades passaram consequentemente a se tornar cada vez mais atraentes para os trabalhadores. Segundo Alves (2015, p. 97),

> as famílias que trabalhavam em pequenas propriedades no campo – em suas casas ou pequenas oficinas – foram atraídas para as cidades e o processo de trabalho foi deixando de ser realizado de forma artesanal e em pequenas oficinas para dar lugar a um processo realizado com o auxílio de máquinas e em grandes fábricas localizadas nas cidades.

Existem diversas classificações ou periodizações associados à Revolução Industrial. O trabalho de Carlota Perez (2010), por exemplo, aponta cinco revoluções tecnológicas. Para a autora, a energia hidráulica utilizada para a fabricação de algodão, em Derbyshire, na Inglaterra, marca a Primeira Revolução. Já a energia a vapor faria parte de um segundo momento entre as revoluções industriais ou tecnológicas.

Alves (2015) apresenta uma periodização que considera as principais mudanças e inovações tecnológicas ocorridas desde o século XVIII até a atualidade. Três grandes revoluções são consideradas na citada obra, conforme mostra o Quadro 1.1. Neste livro, adicionamos outra, que vem sendo chamada de *Quarta Revolução Industrial* ou de *Indústria 4.0*.

Quadro 1.1 – Revoluções industriais: características e inovações

Revolução	Características	Inovações
Fase embrionária	» Energia hidráulica	» Energia hidráulica utilizada para a fabricação de algodão em Derbyshire, na Inglaterra; fabricação de farinha.
Primeira Revolução Industrial (1760-1850)	» Energia a vapor » Aço	» Energia a vapor, substituindo a energia humana e hidráulica. » Máquinas na indústria têxtil. » Desenvolvimento dos transportes, inicialmente com os trens movidos a vapor.
Segunda Revolução Industrial (1850-1945)	» Energia elétrica » Produção em massa » Indústria petroquímica	» Petróleo. » Nova fase de desenvolvimento dos transportes e das comunicações. » Transportes: motores de combustão interna, produção de automóveis em larga escala. » Aviões. » Fordismo e Taylorismo. » Comunicações: radio e telefone.
Terceira Revolução Industrial (1945 até hoje)	» Produção flexível » Compressão espaço-tempo	» Produção de mísseis. » Toyotismo. » Desenvolvimento acelerado nos sistemas de transporte e comunicação. » Trem-bala, computadores, internet.

(coninua)

(Quadro 1.1 - conclusão)

Revolução	Características	Inovações
Quarta Revolução Industrial (1945 até hoje)	» Indústria 4.0 » Revolução técnico--científico--informacional » Alta tecnologia » Ampla utilização de robôs	» Robótica. » Microprocessadores. » Espaços e plataformas virtuais de ensino e aprendizagem. » Inteligência artificial.

Fonte: Elaborado com base em Alves, 2015, p. 103; Perez, 2010.

A Quarta Revolução Industrial pode ser considerada um desdobramento da Terceira Revolução e definida como uma revolução que produz constantes inovações principalmente nas áreas da robótica, da tecnologia e da inteligência artificial. No final do século XX e início do século XXI, uma parcela significativa do desemprego gerado em diversos setores da economia, bem como o surgimento de novos empregos e profissões podem ser atribuídos aos impactos causados por essa Quarta Revolução Industrial.

Preste atenção!

O exemplo da indústria automobilística é um clássico entre os setores que fazem uso de robôs em suas linhas de produção. O trabalho que seria realizado por diversos trabalhadores ao longo de determinado tempo já vem sendo realizado por braços mecânicos, tais como na soldagem e pintura de automóveis e na movimentação de peças e acessórios entre as linhas de produção. Indivíduos e máquinas compartilham o mesmo espaço, na linha de produção e na fábrica, e certamente essa é uma relação que vem se naturalizando de maneira acelerada no início do século XXI.

Alternativamente, é possível analisar outros setores da atividade econômica. Setores que até então não se pensava poderem ser atingidos pelo avanço das técnicas e tecnologias vêm observando a gradual inserção da robótica em suas atividades. É o caso, por exemplo, dos escritórios de advocacia. Agora, robôs estão fazendo o trabalho que antes demandaria a atenção de diversos advogados; trata-se de um grande volume de trabalho e de processos que teriam de ser encaminhados e acompanhados física e tecnicamente.

Atividades consideradas burocráticas, como localizar processos, acompanhar datas de julgamentos, fazer *download* de documentos e materiais, calcular os custos de um processo e cadastrar novos processos são tarefas que cada vez mais passam a ser desempenhadas por máquinas. Obviamente, os *clicks* ou comandos ainda são realizados por meio da atividade humana, mas não há como negar a influência cada vez maior das tecnologias e do uso de robôs nas atividades econômicas em particular, e em nossa vida de modo geral.

Conforme Vasconcellos e Cardoso (2016), robôs têm realizado tarefas no lugar de humanos e o advogado só entra para tomar decisões estritamente jurídicas, não mais para atuar na rotina burocrática. Segundo esses autores,

> para que 420 advogados deem conta de 360 mil processos, é preciso, matematicamente, que cada profissional cuide de 857 ações ao mesmo tempo. A conta dessa equação só fecha graças a um único fator: tecnologia. Foi com ela que o JBM Advogados, em um ano, cortou pela metade o número de profissionais da banca e, ainda assim, aumentou a quantidade de processos do escritório.
>
> [...]

> Imagine um caso clássico de pedido de indenização […]. Substituindo o "copia" e "cola" das petições, ao identificar o cadastro […], o programa já monta uma defesa, preenchendo espaços com os dados daquele processo específico […]. Cabe ao advogado simplesmente clicar nos trechos que serão aproveitados na peça em questão e dar o "ok", gerando uma assinatura e enviando a peça ao sistema.

É claro que esse exemplo da presença dos robôs na advocacia é apenas mais um daqueles que podemos utilizar para demonstrar o impacto das novas tecnologias em nossa vida e na relação trabalho e capital. Podemos também indicar casos em que robôs auxiliam em cirurgias ou mesmo desarmam bombas. O que interessa é compreender as revoluções do passado, sendo esse um passo importante na tentativa de direcionar corretamente as análises do presente. Nesse contexto, pensar o futuro é igualmente importante.

Cabe, então, questionar: Como as tecnologias e sua difusão no espaço geográfico afetarão indivíduos, mercados de trabalho, indústrias, países e regiões? Essa questão certamente poderá ser respondida no futuro, considerando-se diversas influências e perspectivas.

Agora, vamos trazer a discussão para o âmbito do estudo da evolução da geografia industrial no Brasil, tendo em vista a produção realizada por intelectuais brasileiros dedicados a esse tema e a influência exercida por determinadas correntes de pensamento. Veremos que essas correntes vêm e vão, elas não morrem! Elas ressurgem eventualmente no ensino e na pesquisa nas áreas de geografia econômica e industrial e podem ser reveladas por meio de produções acadêmicas mais antigas ou mesmo atuais.

1.3 Evolução e perspectivas da geografia industrial no Brasil

Para tratarmos da evolução e das perspectivas da geografia industrial no Brasil, vamos nos basear fundamentalmente na pesquisa da professora Silvia Selingardi-Sampaio. A análise do trabalho de Selingardi-Sampaio (1987) pode proporcionar vários *insights* sobre a evolução da geografia industrial no Brasil. Trata-se de uma autora importante no contexto dos estudos sobre esse assunto, não apenas por sua produção e especialidade dentro da geografia, mas também pelo papel que vem desempenhando nas últimas décadas no sentido de manter vivo esse conhecimento entre os geógrafos brasileiros e a academia de modo geral.

Por isso, a análise do trabalho desta autora deve ser realizada com muito apreço e cautela, devendo-se considerar o amplo contexto histórico dos eventos, os avanços epistemológicos no âmbito da geografia e as mudanças pelas quais a geografia brasileira passou, sobretudo entre 1970 e 1990.

Segundo Selingardi-Sampaio (1987), entre 1950 e o final da década de 1990, três fases distintas podem ser identificadas na evolução da geografia industrial no Brasil. Para a citada autora, somente a partir da década de 1950 a geografia industrial "apareceu como um corpo relativamente substancial de contribuições a garantir-lhe individualidade na geografia brasileira" (Selingardi-Sampaio, 1987, p. 263).

Na **primeira fase** Selingardi-Sampaio situa as contribuições de Pierre George, expressas em trabalhos de geografia econômica e social dedicados ao estudo da população, da urbanização e da industrialização. No contexto dessa periodização apresentada pela autora, surgem outras discussões, nomes e trabalhos importantes que contribuíram para a ampliação e a consolidação da geografia industrial no Brasil.

Preste atenção!

Entre os trabalhos dedicados ao estudo da população, da urbanização e da industrialização, destacam-se os de Pedro Pinchas Geiger (1956), Milton Santos (1958), Armen Mamigonian (1965), Fany Davidovich (1966), Léa Goldenstein (1972) etc. Com exceção do trabalho de Goldenstein (1972), todas as demais produções citadas aqui foram publicadas na *Revista Brasileira de Geografia*, um periódico importante publicado pelo Instituto Brasileiro de Geografia e Estatística (IBGE).

No âmbito da evolução da geografia industrial no Brasil, Selingardi-Sampaio esclarece que poucos trabalhos realizavam uma análise mais profunda, considerando um enfoque na escala regional e na inserção das indústrias brasileiras num processo mais amplo, por exemplo, no processo de industrialização mundial e de comercialização em mercados internacionais.

Dito isso, a primeira fase apresentada pela autora se estendeu de 1950 a aproximadamente 1974. Com o objetivo de simplificarmos a análise, admitimos que essa primeira fase compreendeu exatamente esse período, de 1950 a 1974. A partir de 1974, no entanto, outra fase se iniciou conhecida como *Nova Geografia,* a qual tinha seus pressupostos fundamentados em análises pragmáticas, muitas vezes se valendo de dados quantitativos e análise de setores industriais específicos ou economias regionais.

A geografia pragmática surgiu em países anglo-saxões por volta das décadas de 1950 e 1960, perdendo vigor no final da década de 1970 e, sobretudo, ao longo das décadas de 1980 e 1990. A década de 1970 marcou o início das discussões em torno da corrente crítica, enquanto a década de 1990 sinalizou o enfraquecimento desta e o surgimento de abordagens contemporâneas conduzidas sob bandeiras ou correntes teóricas diversas e com recortes temáticos e espaciais bastante imbricados e conectados à realidade que envolve a relação local-global e/ou vice-versa.

O pragmatismo anglo-saxão das décadas de 1950 e 1960 foi difundido no Brasil na **segunda fase** da evolução mencionada por Selingardi-Sampaio. O uso de modelos matemáticos, de técnicas quantitativas e de maior rigor na aplicação da metodologia científica marcou essa fase da evolução da geografia industrial no Brasil. Novamente, Pedro Pinchas Geiger e Fany Davidovich são citados, juntamente com os nomes de Margarida Maria de Andrade, Marlene Teixeira, Carlos Roberto Azzoni e a própria professora Silvia Selingardi-Sampaio.

Nessa fase, o paradigma da organização do espaço se destaca e "o planejamento e a ciência do espaço estão a serviço do capital" (Santos, 2003, p. 19).

Importante!

Para muitos geógrafos, essa fase pragmática ou quantitativa levou a geografia brasileira a uma visão acrítica dos problemas sociais existentes no país. Segundo os críticos, o uso de teorias ou modelos provenientes de países europeus e americanos foi difundido no Brasil sem muitas adaptações ou sem relevância para o contexto interno, ou seja, sem que se considerem as particularidades da realidade brasileira.

Diferentemente da primeira periodização ou fase apresentada, o enfoque na escala regional recebeu mais atenção durante essa segunda fase, embora muitos trabalhos não adotassem uma visão multiescalar (local, regional, nacional, macrorregional, global) dos fenômenos. O planejamento local e regional estava submetido, em primeira instância, ao planejamento em âmbito nacional.

Nessa segunda fase, há que se recordar também que o regime político no Brasil colocava os interesses nacionais e o desenvolvimentismo em primeiro plano. Era o chamado *regime militar*. A economia brasileira apresentava crescimento econômico expressivo e o processo de industrialização se intensificava, espalhando-se para diversas regiões do país. É o período das obras faraônicas e de fortes investimentos nos setores de energia, transportes e infraestrutura.

Epistemologicamente, podemos inserir essa segunda fase da evolução da geografia industrial no Brasil no contexto de uma geografia que pensa a produção do espaço a partir de análises quantitativas, estatísticas, modelos matemáticos e figuras geométricas que lembram os estudos de geometria euclidiana.

Essa aproximação ou corrente teórico-filosófica é conhecida na geografia por diversos nomes, tais como *geografia pragmática*, *geografia quantitativa* ou, alternativamente, *geografia teorética* ou *Nova Geografia*.

Como afirma Selingardi-Sampaio (1987, p. 264),

> a Nova Geografia, caracterizada, entre outros aspectos, pela defesa de uma postura de neutralidade política e ideológica, ofereceu condições propícias para transformar-se na vertente geográfica ideal para a construção harmoniosa das relações Estado-comunidade

geográfica. A adesão à nova tendência, entretanto, não foi total, e trabalhos segundo abordagens "tradicionais" continuaram a ser realizados.

Atualmente, alguns diriam, a fase da geografia quantitativa foi superada, substituída por outras correntes teóricas. Obviamente, esse é um argumento questionável, mas é correto admitir que a transição da perspectiva pragmática para a perspectiva crítica não ocorreu sem que interseções analíticas ou mesmo teóricas estivessem presentes dentro de um mesmo período.

Em outras palavras, na periodização proposta por Selingardi-Sampaio, é possível admitir que tanto os trabalhos conduzidos sob a bandeira do pragmatismo quanto os vinculados à perspectiva do marxismo podem estar presentes entre as publicações desse período. Vários trabalhos podem ser citados nesse contexto de transição da geografia pragmática para a geografia crítica. Aqui faremos alusão apenas à obra de David Harvey.

Embora situada no contexto europeu e principalmente britânico, a trajetória percorrida por David Harvey resume perfeitamente como o pragmatismo foi dando espaço à perspectiva crítica nos estudos da geografia. A influência da perspectiva crítica na geografia brasileira é inegável. Ainda hoje podemos encontrar muitos geógrafos que trabalham segundo a perspectiva crítica, não apenas no Brasil.

Na perspectiva crítica, sobretudo marxista, temas como a dimensão social, as desigualdades socioespaciais, as contradições do capitalismo e o paradigma do conflito exercem papel de destaque nas análises e figuravam entre as principais publicações acadêmicas da **terceira fase** de evolução da geografia industrial brasileira (1978-1989), segundo a periodização proposta por Selingardi-Sampaio.

Para Selingardi-Sampaio (1987, p. 265), "é por ocasião do 3º Encontro Nacional de Geógrafos, realizado em Fortaleza, que se inicia a terceira fase da evolução da geografia industrial no Brasil". Na classificação proposta pela autora, essa fase vai de 1978 até 1986-1987, período em que a autora publicou o artigo *Evolução e perspectivas da Geografia Industrial no Brasil*.

Esse terceiro período é caracterizado pela abordagem "multiescalar", haja vista que questões nacionais, regionais e locais ocupavam as principais publicações. O trabalho de Mamigonian está mais uma vez inserido nesse período e contexto. Outras publicações desse autor nas últimas duas a três décadas são igualmente relevantes para a compreensão dos processos de regionalização e industrialização ocorridos no Brasil.

Em Mamigonian (2000), por exemplo, são identificadas três linhas de pensamento ou conjunto de ideias que se inserem no contexto da análise do processo de industrialização brasileira. Para esse autor, a industrialização brasileira pode ser analisada considerando-se a influência das ideias cepalinas, da teoria da dependência e da teoria dos ciclos de Kondratieff.

Preste atenção!

Aqui não vamos analisar como essas ideias influenciaram a geografia brasileira, mas vamos sugerir, sim, que você amplie seus conhecimentos sobre esse assunto fazendo uma leitura mais ampla da obra de Mamigonian, sobretudo dos trabalhos que tratam da indústria, do processo de industrialização no Brasil e das teorias utilizadas para se pensar na construção de uma geografia industrial no Brasil.

Outro autor importante dedicado à análise do processo de industrialização brasileira é Francisco Iglésias. Na leitura que se faz da obra desse intelectual e historiador brasileiro, é difícil imaginar a presença de uma indústria forte no Brasil até o início ou meados do século XIX. Existiam algumas fábricas sem dúvida, mas a economia nacional era muito rudimentar, escravocrata, dependente de leis, capitais e acordos internacionais.

Para Iglésias (1986), é entre 1840 e 1889 que a economia começa a sofrer grandes mudanças. É o período conhecido na história do Brasil como *Segundo Reinado*. Economicamente, considerando-se esse período, "conta o setor agrícola com pecuária e lavoura. O industrial continua com inúmeras fábricas, mais no mundo rural. No urbano há também algumas, sobretudo na tecelagem, já de certa qualidade" (Iglésias, 1986, p. 41).

Mencionamos na Seção 1.2 que a indústria têxtil é uma das principais indústrias a se instalar nos países que desejam se industrializar. Assim como ocorrera na Inglaterra, o Brasil também seguiu esse caminho em seu processo de industrialização. Segundo Iglésias (1986, p. 46), "as chamadas fábricas nacionais encontravam-se no Rio de Janeiro e nas províncias, para tecidos, chapéus, sapatos, couros, vidros, rapé, cerveja, sabão". Entre 1850 e 1870 surgem as primeiras ferrovias e "realizam-se exposições industriais, apesar da modéstia do que era exibido nestas exposições" (Iglésias, 1986, p. 46).

Contudo, paradoxalmente, surgiriam do setor agrícola os grandes investimentos necessários para a aceleração do processo de industrialização brasileira. É por isso que Iglésias afirma que o desenvolvimento da indústria no Brasil, sobretudo no início do século XX, deve-se ao principal produto de exportação, o café.

Iglésias se refere à dialética para tratar da dualidade que existe no papel desempenhado pelo café no contexto da economia nacional do século XX. O café poderia ser visto como importante produto ou *commodity* agrícola e também como o principal fator responsável pelo processo de industrialização brasileira.

Na perspectiva de Iglésias (1986, p. 62-63),

> o café merecia e exigia esse tratamento, por ser o grande gerador de receita; o que se lucra com ele movimenta o país então [...] desenvolve-se a indústria de bens de consumo e até a de bens de produção. Mesmo a indústria pesada, então em começo. Se o maior número se dedica a bens de consumo, já se cuida do cimento, do fabrico de máquinas. No setor mineral, há as siderúrgicas de Minas, a exportação é garantida pelo café, com 64,5% do total em 1891/1900 e 51,3% em 1901/1910.

De fato, o café foi fator decisivo na economia brasileira no início do século XX e os lucros oriundos da produção do café resultaram em novos investimentos que foram aplicados na industrialização do Brasil. São Paulo era grande produtor de café nesse período e seu processo de industrialização pode ser explicado, ao menos parcialmente, pelo desempenho obtido com a economia do café.

Teórica e epistemologicamente, ainda no contexto do terceiro período apontado por Selingardi-Sampaio, a industrialização de São Paulo, grande metrópole brasileira, foi percebida como um processo dependente do sistema de produção capitalista internacional. Foi a fase de desconcentração espacial da indústria a partir de São Paulo.

Betim, em Minas Gerais, foi um dos primeiros municípios a receber uma fábrica de autoveículos fora do eixo paulista, conforme mostra a Tabela 1.1. A Fiat se instalou ali em 1976. No mesmo ano, a Volkswagen se instalou em Taubaté e, em 1979, a Volvo iniciou suas operações em Curitiba, produzindo motores e chassis de ônibus. Os trabalhos de Alves (2014, 2016) ajudam a compreender as transformações na geografia da indústria automobilística no país durantes as três fases de evolução da geografia industrial no Brasil.

Tabela 1.1 - Localização e número de unidades industriais das montadoras de autoveículos no Brasil em 2013

ESTADO	CIDADE	MONTADORA	ANO (antes 1990)	ANO (a partir de 1990)	N.
São Paulo	São Caetano do Sul	GM	1930	-	1
	São José dos Campos	GM	1959	-	1
	São B. do Campo	MERCEDES-BENZ	1956	-	1
	São B. do Campo	VOLKSWAGEN	1959	-	1
	São B. do Campo	KARMANN-GHIA	1960	-	1
	São B. do Campo	SCANIA	1962	-	1
	São B. do Campo	FORD	1967	-	1
	Taubaté	VOLKSWAGEN	1976	-	1
	Sumaré	HONDA	-	1997	1
	Indaiatuba	TOYOTA	-	1998	1
	Piracicaba	HYUNDAI	-	2012	1
	Sorocaba	TOYOTA	-	2012	1

(continua)

(Tabela 1.1 - continuação)

ESTADO	CIDADE	MONTADORA	ANO (antes 1990)	ANO (a partir de 1990)	N.
Paraná	Curitiba	VOLVO	1979	-	1
	São José dos Pinhais	RENAULT	-	1996	1
	São José dos Pinhais	VOLKSWAGEN	-	1999	1
	São José dos Pinhais	RENAULT	-	2001	1
	São José dos Pinhais	NISSAN	-	2001	1
	Ponta Grossa	DAF	-	2013	1
Rio G. do Sul	Caxias do Sul	AGRALE	1962	-	1
	Caxias do Sul	AGRALE	-	1998	1
	Caxias do Sul	INTERNATIONAL	-	1998	1
	Gravataí	GM	-	2000	1
Minas Gerais	Betim	FIAT	1976	-	1
	Juiz de Fora	MERCEDES-BENZ	-	1999	1
	Sete Lagoas	IVECO	-	2000	1

(Tabela 1.1 – conclusão)

ESTADO	CIDADE	MONTADORA	ANO (antes 1990)	ANO (a partir de 1990)	N.
Rio de Janeiro	Porto Real	MAN	-	1996	1
	Porto Real	PEUGEOT CITROEN	-	2001	1
Goiás	Catalão	MITSUBISHI	-	1998	1
	Anápolis	CAOA	-	2007	1
Amazonas	Manaus	MAHINDRA	-	2007	1
Bahia	Camaçari	FORD	-	2001	1
Ceará	Horizonte	FORD	-	2007	1
Total	-	-	-	-	32

Fonte: Alves, 2016, p. 78.
Nota: ANO refere-se ao ano de instalação, fundação ou início das atividades da montadora no país.

Outra questão importante levantada por Selingardi-Sampaio quanto a esse terceiro período refere-se ao papel da centralidade que certas cidades exercem na atração e implantação de indústrias, como no caso de São Paulo, e também à intensificação de problemas ambientais, como ocorreu no munícipio de Cubatão. Nesse contexto, o argumento de que as indústrias poluidoras se deslocam para regiões menos desenvolvidas, e com legislação ambiental mais frágil, também é discutido.

Com relação a lacunas ou pesquisas a serem realizadas futuramente no âmbito da geografia industrial no Brasil, Selingardi-Sampaio chama a atenção para o estudo do sistema industrial nacional, que considerou pouco desenvolvido até a terceira fase, segundo sua periodização.

Os centros do poder e da tomada de decisões, tanto no âmbito do sistema de cidades como no das empresas, também são sugeridos como temas ou discussões que poderiam ser mais analisados. Da mesma forma, são citadas a tecnologia e suas implicações no mercado de trabalho, a transferência de tecnologias de centros mais dinâmicos para áreas ou indústrias menos desenvolvidas e a importância das finanças e dos investimentos na circulação do capital.

Em nossa análise, a terceira fase da evolução da geografia industrial no Brasil pode ser estendida até 1989, ano de importantes transformações na economia e geopolítica mundiais. Após esse período, diversas perspectivas vêm sendo difundidas na geografia industrial brasileira e nos estudos de geografia econômica de modo geral.

Na fase contemporânea, de 1990 até os dias atuais, é possível identificar várias correntes teóricas, abordagens ou perspectivas analíticas, tais como a geografia cultural, a institucionalista, a *new economic geography* e a *value chains*. Esses são apenas alguns exemplos vinculados à diversidade de abordagens ou perspectivas analíticas presentes na geografia industrial brasileira atualmente.

Uma dessas perspectivas é a chamada *geografia da materialidade*, desenvolvida no âmbito da geografia cultural. Essa corrente permitiu a difusão da pesquisa etnográfica na geografia, metodologia já bastante difundida na antropologia e na sociologia urbana. O trabalho *Follow the Thing: Papaya,* publicado por Ian Cook (2004) na revista *Antipode*, demonstra esse interesse pela materialidade, pela geografia do consumo e pela valorização da pesquisa ou abordagem etnográfica em geografia.

A análise realizada nesta seção do livro se limita ao período que vai até 1989. É claro que inúmeras lacunas precisarão ser preenchidas no futuro, considerando-se a análise de produções acadêmicas realizadas após 1989. Os trabalhos de Armen Mamigonian, Eliseu Sposito, Mónica Arroyo e Olga Firkowski, entre outros, poderão servir de base para essas investigações futuras.

Síntese

Neste capítulo, analisamos três elementos distintos relacionados ao estudo da geografia industrial. Inicialmente, buscamos estabelecer relações que permitem inseri-lo no amplo contexto dos estudos de geografia econômica. Assim, a geografia industrial passou a ser entendida como um sub-ramo da geografia econômica. Em seguida, discutimos os conceitos de indústria e revolução industrial, o que nos levou a refletir sobre o papel que as revoluções industriais e a difusão das tecnologias tiveram na produção do espaço geográfico. Por último, realizamos uma breve análise sobre a evolução da geografia industrial no Brasil, considerando a produção acadêmica e a influência exercida por determinadas correntes de pensamento.

Indicações culturais

Livro

ALVES, A. R. **Geografia econômica e geografia política**. Curitiba: InterSaberes, 2015.

Nessa obra, o autor apresenta uma discussão interessante sobre o papel que geógrafos e economistas tiveram na construção do pensamento geográfico associado diretamente aos estudos de geografia econômica e industrial. A leitura desse livro permitirá que você amplie seus conhecimentos sobre conceitos e teorias da geografia econômica e industrial, além de conhecer diferentes exemplos da utilização da abordagem dessa geografia para a compreensão dos fenômenos que ocorrem no espaço geográfico.

Filme

EU, Robô. Direção: Alex Proyas. EUA, 2004. 114 min.

A ficção científica estrelada pelo protagonista Will Smith apresenta a relação entre humanos e robôs no ano de 2035. A história provoca a reflexão sobre o papel das máquinas, dos robôs e da inteligência artificial em nossa vida e também num futuro em que essas tecnologias poderão exercer funções cada vez mais complexas e integradas à realidade e às necessidade dos seres humanos. Sem dúvida, é um filme que nos faz refletir sobre os temas que tratamos neste capítulo, sobretudo aqueles apresentados na Seção 1.2.

Atividades de autoavaliação

1. Com relação à geografia industrial e à geografia econômica, é correto afirmar:
    a) A geografia econômica estuda a localização e a organização espacial das atividades econômicas, porém não trata das questões de concentração espacial derivada dos fenômenos econômicos.
    b) A geografia industrial dedica-se aos estudos da industrialização, principalmente das atividades realizadas no âmbito dos setores primário e terciário da economia.
    c) A geografia industrial é um sub-ramo da geografia econômica que tem por objetivo explicar o impacto das atividades industriais no espaço geográfico.
    d) A geografia industrial é uma disciplina que não tem relação com a geografia, apesar de receber tal denominação.

2. De acordo com os conteúdos discutidos neste livro, a esfera de interesse da geografia industrial é geralmente restrita à chamada indústria:
   a) manufatureira.
   b) dos serviços.
   c) do comércio.
   d) das *commodities*.

3. Neste capítulo, mencionamos que o termo *Revolução Industrial* passou a ser utilizado com mais frequência no meio acadêmico a partir do final do século XIX, com as ideias precursoras de:
   a) Doug Watts.
   b) David Harvey.
   c) Peter Dicken.
   d) Arnold Toynbee.

4. A cada nova revolução industrial, novos produtos e tecnologias surgem no mercado para satisfazer as necessidades humanas. Por exemplo, a energia a vapor substituiu a energia humana e a energia hidráulica utilizada na fase embrionária da Revolução Industrial. No caso dos automóveis e dos aviões, é possível afirmar que eles surgiram na:
   a) Primeira Revolução Industrial.
   b) Segunda Revolução Industrial.
   c) Terceira Revolução Industrial.
   d) Quarta Revolução Industrial.

5. A industrialização brasileira se intensificou a partir do século XX, sobretudo por meios dos investimentos advindos da:
   a) produção de soja.
   b) produção de açúcar.
   c) cultura do café.
   d) extração do pau-brasil.

Atividades de aprendizagem

Questões para reflexão

1. A industrialização brasileira ocorreu em decorrência de fortes investimentos advindos do setor agrícola, sobretudo dos lucros gerados pela produção e exportação do café. São Paulo exerceu forte concentração industrial até a década de 1990. Contudo, essa situação mudou desde então, e outros estados brasileiros passaram a atrair indústrias para seus territórios. Que eventos acontecerem no mundo e no Brasil para que esse cenário fosse alterado a partir da década de 1990?

2. A Quarta Revolução Industrial tem gerado mudanças significativas na economia mundial. Novos produtos e tecnologias são lançados no mercado a todo momento, o que gera implicações para indivíduos, mercados de trabalho e países de modo geral. Os avanços na robótica e na inteligência artificial são inquestionáveis. De acordo com as discussões apresentadas neste capítulo e em seus conhecimentos sobre o assunto, quais setores ou classe de trabalhadores você acredita que seriam mais afetados com a intensificação da Quarta Revolução Industrial?

Atividade aplicada: prática

1. Realize uma pesquisa em que o foco incida na tentativa de buscar compreender como os autores definem o conceito de indústria em livros, revistas ou artigos científicos. Se preferir, você poderá escolher um tipo específico de publicação (por exemplo, apenas artigos científicos). Para que você possa ampliar sua base de dados e na compreensão acerca desse conceito, sugerimos que você escolha autores geógrafos e também autores que não necessariamente se limitam à área da geografia. Ou seja, você poderá analisar a publicação realizada por autores de diversas áreas, tais como as de economia, gestão de negócios, *marketing* e engenharia da produção.

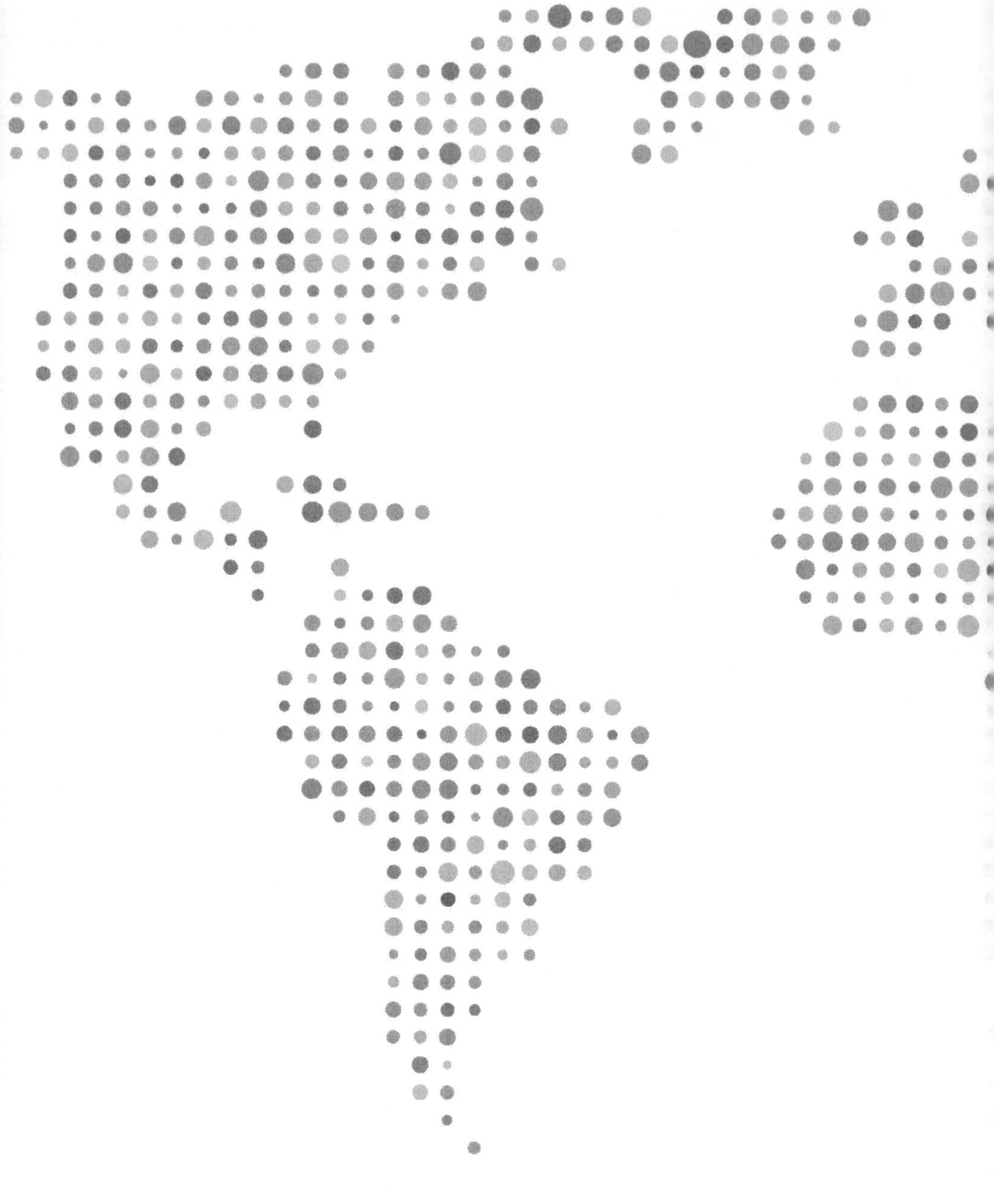

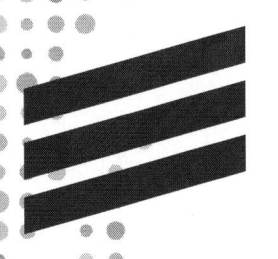

2
Atividades econômicas e tipos de indústrias

Neste capítulo, apresentaremos a classificação e os diferentes tipos de indústrias, identificando suas principais características e atividades relacionadas. Também trataremos da Classificação Nacional de Atividades Econômicas (Cnae). Por último, examinaremos os indicadores de produção industrial e realizaremos uma breve análise relacionando esses indicadores e os principais tipos de indústrias e atividades econômicas.

2.1 Classificação e tipos de indústrias

Classificar as indústrias em seus diferentes tipos é uma tarefa bastante interessante, embora não possa ser considerada uma tarefa trivial. Há várias maneiras de classificá-las. Para isso, vamos analisar incialmente a distinção feita pelo Instituto Brasileiro de Geografia e Estatística (IBGE) no que concerne às indústrias extrativas e de transformação.

De acordo com o IBGE (2018c), a **indústria de transformação** compreende as atividades que envolvem

> a transformação física, química e biológica de materiais, substâncias e componentes com a finalidade de se obterem produtos novos. Os materiais, substâncias e componentes transformados são insumos produzidos nas atividades agrícolas, florestais, de mineração, da pesca e produtos de outras atividades industriais.

De acordo com as definições adotadas pela Comissão Nacional de Classificação (Concla), criada para monitoramento e definição de normas no âmbito do IBGE, as **indústrias extrativas** abrangem as atividades de extração de minerais em estado natural: sólidos, como no caso do carvão e de outros minérios; líquidos, tais como o petróleo cru; e gasosos. Compreendem também as atividades complementares de beneficiamento associado à extração (como trituração, classificação, concentração e pulverização), que geralmente são executadas pela empresa mineradora junto ao local de extração. Segundo a Classificação Nacional de Atividades Econômicas (Cnae), as atividades extrativas são classificadas nas divisões, grupos e subclasses conforme o principal mineral produzido (IBGE, 2018d).

Mais adiante, ainda neste capítulo, apresentaremos a hierarquia adotada na Cnae. Uma perspectiva distinta sobre esses dois tipos de indústria é aquela proposta por Pierre George, que considera os conceitos de indústria leve e indústria pesada.

Importante!

Para tratarmos dos conceitos de indústria leve e indústria pesada, utilizaremos como fonte de pesquisa a obra intitulada *Geografia econômica*, escrita por Pierre George no final da década de 1950. Trata-se de um livro que tem origem na tradução do trabalho intitulado *Précis de géographie économique,* publicado na França em 1956 e com primeira edição brasileira publicada em 1961, pela Editora Fundo de Cultura.

Na distinção feita por Pierre George (1965), as **indústrias pesadas**, também chamadas de *indústrias de base* ou *indústrias de bens de produção*, podem ser consideradas como indústrias de equipamentos, pois estabelecem as condições necessárias para a realização de outras atividades industriais. Geralmente não são produtoras diretas de bens de consumo ou uso e, neste contexto, aproximam-se mais das indústrias extrativas do que das indústrias de transformação.

Contudo, o autor adverte que algumas atividades são difíceis de serem classificadas, uma vez que fornecem, ao mesmo tempo, material de equipamento industrial e produtos de utilização direta, tais como materiais e componentes eletrônicos. Além disso, nem todas as indústrias de equipamentos são indústrias pesadas, pois, dependendo do tipo de equipamento, sua utilização pode se limitar a análises e mensurações.

Para George (1965, p. 68), as indústrias mais representativas e importantes das indústrias pesadas envolvem atividades de "mineração, siderurgia, produção de minerais não ferrosos, da indústria química pesada, da fabricação de máquinas industriais e agrícolas, de produção de material de transporte pesado, construções navais, produção de cimento". A Figura 2.1 mostra um exemplo clássico de atividade diretamente relacionada à indústria pesada, sobretudo à siderurgia.

Figura 2.1 – Extração de minério de ferro com o uso de escavadeiras

Bondgrunge/Shutterstock

Quando comparadas às indústrias pesadas, as **indústrias leves** consomem menos energia, e sua localização no espaço não necessariamente é determinada pela proximidade das fontes de matérias-primas. A produção de alimentos, bebidas, calçados e eletrônicos integra o conjunto de atividades realizadas pelas indústrias leves (Figura 2.2). Se considerarmos também algumas particularidades, as indústrias leves têm como objetivo "a transformação das matérias-primas brutas ou semimanufaturadas em produtos que são vendidos para ser diretamente usados ou consumidos" (George, 1965, p. 68).

Figura 2.2 – Produção de biscoitos em larga escala

A classificação das indústrias apresentada por Pierre George é bastante relevante e revela a importância de diferenciações e relações espaciais. Vejamos como tal classificação ou distinção entre indústrias nos permite apreciar a dimensão geográfica ou espacial da análise.

Na perspectiva do autor, um país que não possui indústria de equipamentos, indústria pesada ou, ainda, de extração só pode desenvolver suas atividades industriais e agrícolas recorrendo às indústrias pesadas de outros países. Isso implica uma repartição ou distribuição geográfica mundial da indústria, abrangendo países que possuem ambas as indústrias (leves e pesadas) ou apenas indústrias leves.

Os países desfavorecidos pelas condições naturais (como no caso da ausência de matérias-primas) "acham-se quase totalmente privados das indústrias pesadas" (George, 1965, p. 67). Porém, obviamente, a simples disponibilidade de matérias-primas não resulta diretamente no sucesso ou riqueza das nações. Há que se pensar também em diversas outras variáveis que estão envolvidas no processo de desenvolvimento de indústrias e países, como a disponibilidade de capitais, energia, tecnologias, *know-how* etc.

Outra classificação bastante comum se baseia na divisão entre indústrias de bens de produção ou de capital, bens intermediários e bens de consumo, sendo que esta última categoria pode ser subdividida em bens de consumo duráveis e não duráveis. Vejamos como se definem esses conceitos:

» **Bens de produção ou de capital**: são provenientes das indústrias de base, responsáveis pela transformação de matérias-primas brutas em matérias-primas processadas, sendo a base para outros setores industriais, como as indústrias siderúrgica, metalúrgica ou petroquímica. As indústrias extrativas, pesadas ou de equipamentos produzem os bens situados nesta categoria.
» **Bens intermediários**: são bens produzidos e utilizados na produção de outros bens. As máquinas e os equipamentos são típicos exemplos de produtos gerados por este tipo de indústria.
» **Bens de consumo duráveis**: são bens não perecíveis que podem atender às necessidades de consumo dos indivíduos por um período relativamente longo, tais como roupas, calçados, móveis, eletrodomésticos e automóveis.

» **Bens de consumo não duráveis:** são bens destinados ao consumo imediato, de primeira necessidade, geralmente perecíveis. Os alimentos e as bebidas são exemplos bastante comuns deste tipo de bem.

Conforme mencionamos, classificar as indústrias em seus diferentes tipos é uma tarefa bastante interessante, pois implica conhecer os diferentes critérios utilizados nas classificações, como a influência das matérias-primas, o papel da tecnologia e a localização da atividade dentro do amplo contexto que envolve o sistema produtivo. Em outras palavras, o estudo dos diferentes tipos de indústria propicia diversos *insights* relacionados aos estudos sobre a indústria.

2.2 Classificação Nacional de Atividades Econômicas (Cnae)

Além dos diferentes tipos de indústrias, é fundamental compreender outra classificação importante adotada pelo IBGE, a Classificação Nacional de Atividades Econômicas (Cnae). De acordo com o *site* oficial da Secretaria da Receita Federal, essa classificação pode ser definida como

> o instrumento de padronização nacional dos códigos de atividade econômica e dos critérios de enquadramento utilizados pelos diversos órgãos da Administração Tributária do país.
>
> [...]

[É] aplicada a todos os agentes econômicos que estão engajados na produção de bens e serviços, podendo compreender estabelecimentos de empresas privadas ou públicas [...].

A Cnae resulta de um trabalho conjunto das três esferas de governo, elaborada sob a coordenação da Secretaria da Receita Federal e orientação técnica do IBGE, com representantes da União, dos Estados e dos Municípios, na Subcomissão Técnica da CNAE, que atua em caráter permanente no âmbito da Comissão Nacional de Classificação – CONCLA.

[...]

Na Secretaria da Receita Federal, a CNAE é um código a ser informado na Ficha Cadastral de Pessoa Jurídica (FCPJ) que alimentará o Cadastro Nacional de Pessoa Jurídica/CNPJ. (Brasil, 2014)

Como visto, a Cnae é instrumento importante para a análise da economia do país e, sobretudo, para o desenvolvimento das indústrias. A Tabela 2.1 apresenta as diversas seções e divisões da Cnae. Por exemplo, quando analisamos os dados referentes às indústrias extrativas de maneira ampla, estamos considerando apenas o agregado de dados ou informações situados entre as divisões 05 e 09. Já para as indústrias de transformação, temos de considerar as divisões situadas entre as divisões 10 e 33.

Tabela 2.1 – Classificação Nacional de Atividades Econômicas

Seção	Divisões	Denominação
A	01..03	Agricultura, pecuária, produção florestal, pesca [...]
B	**05..09**	**Indústrias extrativas**
C	**10..33**	**Indústrias de transformação**
D	35..35	Eletricidade e gás
E	36..39	Água, esgoto, atividades de gestão de resíduos [...]
F	41..43	Construção
G	45..47	Comércio, reparação de veículos automotores [...]
H	49..53	Transporte, armazenagem e correio
I	55..56	Alojamento e alimentação
J	58..63	Informação e comunicação
K	64..66	Atividades financeiras, de seguros e serviços [...]
L	68..68	Atividades imobiliárias
M	69..75	Atividades profissionais, científicas e técnicas
N	77..82	Atividades adm. e serviços complementares
O	84..84	Administração pública, defesa e segurança social
P	85..85	Educação
Q	86..88	Saúde humana e serviços sociais
R	90..93	Artes, cultura, esporte e recreação
S	94..96	Outras atividades de serviços
T	97..97	Serviços domésticos
U	99..99	Organismos internacionais e outras instituições [...]

Fonte: IBGE, 2018b, grifo nosso.

Ao optarmos por desagregar as categorias de atividades econômicas, podemos refinar a análise considerando indústrias específicas. Podemos, por exemplo, identificar quais atividades estão inseridas nas indústrias de extração e quais são pertencentes à indústrias de transformação. A Tabela 2.1 apresenta as categorias dentro um conjunto ou agregado de atividades econômicas, que muitas vezes não revelam de maneira imediata qual tipo de atividade econômica está sendo considerada.

Nesse nível de agregação, vários tipos de atividades econômicas estão inseridos em uma mesma divisão ou categoria. Agora, pense no seguinte cenário: se você quiser analisar as mudanças na quantidade de empregos gerados em determinado mês e ano na indústria de extração, você será capaz de mensurar essas mudanças considerando apenas o agregado, ou seja, indústrias extrativas. Caso queira mensurar mudanças em setores ou atividades específicas dentro da indústria de extração, você terá de considerar um índice maior de desagregação dos dados, ou seja, um número maior de dígitos segundo a Cnae.

Tendo em vista o exemplo das indústrias extrativas, seria possível considerar a análise de mudanças no emprego ou no volume de produção em setores específicos dentro dessa categoria, tais como nas atividades relacionadas ao carvão mineral, ao petróleo ou ao gás natural. Todas essas categorias são divisões da Seção B, conforme indicado na Tabela 2.1.

De acordo com a Concla, as atividades são classificadas em divisões, grupos e subclasses. Para o caso das indústrias extrativas, por exemplo, a classificação ocorre de acordo com o principal mineral produzido. Conforme vimos na Tabela 2.1, a letra *B* indica a seção, e *05..09* indica as divisões da indústria extrativa. Para entender melhor como está estruturada essa hierarquia envolvendo seções, divisões, grupos, classes e subclasses, observe, a seguir, o Quadro 2.1.

Quadro 2.1 – Hierarquia utilizada na Cnae

Seção	C	Indústria de transformação
Divisão	11	Fabricação de bebidas
Grupo	11.1	Fabricação de bebidas alcoólicas
Classe	11.13-5	Fabricação de malte, cervejas e chopes
Subclasse	1113-5/01	Fabricação de malte, inclusive malte uísque

Fonte: Elaborado com base em IBGE, 2018c.

Para o caso da Seção C, ou seja, o das indústrias de transformação, vamos considerar a classificação com níveis maiores de desagregação, abrangendo também grupos e subclasses e não apenas seções e divisões. Na Tabela 2.2 constam as divisões da indústria de transformação, desde a fabricação de alimentos até a fabricação de produtos do fumo, móveis, veículos automotores etc.

Tabela 2.2 – Indústrias de transformação segundo a Cnae

Divisão	Descrição Cnae
10	Fabricação de produtos alimentícios
11	Fabricação de bebidas
12	Fabricação de produtos do fumo
13	Fabricação de produtos têxteis
14	Confecção de artigos do vestuário e acessórios
15	Preparação de couros e fabricação de artefatos de couro, artigos [...]
16	Fabricação de produtos de madeira
17	Fabricação de celulose, papel e produtos de papel
18	Impressão e reprodução de gravações
19	Fabricação de coque, produtos derivados do petróleo e biocombustíveis
20	Fabricação de produtos químicos

(continua)

(Tabela 2.2 – conclusão)

Divisão	Descrição Cnae
21	Fabricação de produtos farmoquímicos e farmacêuticos
22	Fabricação de produtos de borracha e de material plástico
23	Fabricação de produtos de minerais não metálicos
24	Metalurgia
25	Fabricação de produtos de metal, exceto máquinas e equipamentos
26	Fabricação de equipamentos de informática, produtos eletrônicos [...]
27	Fabricação de máquinas, aparelhos e materiais elétricos
28	Fabricação de máquinas e equipamentos
29	Fabricação de veículos automotores, reboques e carrocerias
30	Fabricação de outros equipamentos de transporte, exceto veículos [...]
31	Fabricação de móveis
32	Fabricação de produtos diversos
33	Manutenção, reparação e instalação de máquinas e equipamentos

Fonte IBGE, 2018c.

Como é possível notar, as atividades realizadas no âmbito da indústria de transformação podem ser bastante amplas. No *site* do IBGE (2018c), informa-se que

> As atividades da indústria de transformação são, frequentemente, desenvolvidas em plantas industriais e fábricas, utilizando máquinas movidas por energia motriz e outros equipamentos para manipulação de materiais. É também considerada como atividade industrial a produção manual e artesanal, inclusive

quando desenvolvidas em domicílios, assim como a venda direta ao consumidor de produtos de produção própria, como, por exemplo, os ateliês de costura. Além da transformação, a renovação e reconstituição de produtos são, geralmente, consideradas como atividades da indústria (ex: recauchutagem de pneus).

Outro exemplo importante de atividade classificada como pertencente à indústria de transformação é a produção de cerveja, seja ela realizada por *startups*[i] localizadas em centros industriais importantes dentro de uma região, seja ela realizada em imóveis residenciais urbanos, na garagem das casas. A propósito, esse local é bastante utilizado em iniciativas desse tipo. Na atualidade, não é incomum encontrar cervejeiros que começaram suas atividades em espaços pequenos e acabaram experimentando um crescimento rápido em seus negócios, tendo, consequentemente, de ampliar suas instalações.

Utilizando o exemplo da Divisão 11, o da produção de bebidas, podemos compreender como funciona a classificação adotada pelo IBGE quando se consideram as atividades econômicas. No Quadro 2.1 apresentamos a hierarquia que inclui seção, divisão, grupo, classes e subclasses segundo a Cnae. Quanto maior o nível de desagregação dos dados, maior será a quantidade de dígitos e mais homogênea será a atividade a ser considerada.

Agora, vamos analisar uma das atividades que mais influenciam nosso cotidiano, a fabricação de produtos alimentícios. Essa atividade integra a Seção C e a Divisão 10, segundo a Cnae. Aparentemente, esses detalhes não são muito significativos, mas,

---

i. *Startups* são empresas em início de atividade, geralmente de pequeno porte e que requerem investimentos para que possam se desenvolver e desenvolver novos produtos, processos e/ou serviços.

para realizar uma análise criteriosa que envolva os dados atrelados a essas classificações, o rigor científico torna-se necessário. Isso requer que professores e pesquisadores compreendam com clareza a maneira como devem proceder na seleção e coleta dos dados a serem utilizados, seja para conduzir um projeto de pesquisa que abranja esses dados, seja para se trabalhar com os alunos na educação básica ou no ensino superior.

Quando consideramos a fabricação de produtos alimentícios, notamos que essa divisão contém diversos grupos (Tabela 2.3), que, por sua vez, são divididos em classes e subclasses. A fabricação de laticínios (Grupo 10.5), por exemplo, compreende as seguintes classes: preparação do leite (Grupo 10.51-1), laticínios (Grupo 10.52-0), fabricação de sorvetes e outros gelados comestíveis (Grupo 10.53-8). Perceba que a fabricação de laticínios constitui um grupo, o grupo 10.51-1, embora essa também seja a denominação para a classe 10.52-0, a classe dos laticínios.

Tabela 2.3 – Grupos de atividades inseridos na fabricação de produtos alimentícios segundo a Cnae

Grupos	Descrição Cnae
10.1	Abate e fabricação de produtos de carne
10.2	Preservação do pescado e fabricação de produtos do pescado
10.3	Fabricação de conservas de frutas, legumes e outros vegetais
10.4	Fabricação de óleos e gorduras vegetais e animais
10.5	Laticínios
10.6	Moagem, fabricação de produtos amiláceos e de alimentos para animais
10.7	Fabricação e refino de açúcar
10.8	Torrefação e moagem de café
10.9	Fabricação de outros produtos alimentícios

Fonte: IBGE, 2018c.

Ao explorarmos a Cnae no *site* do IBGE, podemos identificar que a princípio os nomes podem ser semelhantes, mas, nas notas explicativas referentes a cada classe, há uma distinção entre as atividades. Na classe dos laticínios, por exemplo, estão a fabricação de creme de leite, a fabricação de bebidas à base de leite e a fabricação de leite em pó.

O exemplo do leite em pó como produto alimentício é interessante, sobretudo para identificarmos possíveis distinções nos critérios adotados para cada categoria prevista na Cnae. Os pós utilizados para o consumo de refrescos (sucos em pó) não são considerados alimentos. Diferentemente do leite em pó, os pós para refrescos são considerados como relativos às atividades inseridas na fabricação de bebidas, conforme mostra o Quadro 2.2.

Quadro 2.2 – Atividades relacionadas à fabricação de bebidas segundo a Cnae

Seção	C	Indústria de transformação
Divisão	11	Fabricação de bebidas
Grupo	11.2	Fabricação de bebidas não alcoólicas
Classe	11.22-4	Fabricação de refrigerantes e de outras bebidas não alcoólicas
Subclasse	1122-4/03	Fabricação de refrescos, xaropes e **pós para refrescos** etc.

Fonte: Elaborado com base em IBGE, 2018c, grifo nosso.

Conforme podemos observar, com base na Cnae, as análises podem ser realizadas comparando-se setores distintos da atividade econômica, indústrias ou mesmo atividades dentro de um mesmo grupo ou classe. O pesquisador, analista ou professor pode direcionar o estudo conforme a necessidade ou área de interesse. Tendo considerado a distinção entre tipos de indústrias e apresentado algumas características da Cnae, vamos analisar, a seguir, os indicadores de produção industrial.

2.3 Indicadores de produção industrial

Pesquisadores, instituições, meios de comunicação e, principalmente, os governos estão sempre atentos ao desempenho da economia nacional. Assim, os indicadores de produção industrial são comumente utilizados para mensurar esse desempenho, a fim de acompanhar tanto a recuperação e o crescimento da economia quanto o declínio em determinados setores da indústria.

No Brasil, o IBGE divulga mensalmente dados referentes à produção industrial. O modelo empregado por essa instituição na análise da produção industrial faz uso da Cnae e de cinco tipos distintos de índices, a saber:

» **ÍNDICE BASE FIXA (NÚMERO-ÍNDICE)**: compara a produção do mês de referência do índice com a média mensal produzida no ano-base da pesquisa (2012);
» **ÍNDICE MÊS/MÊS ANTERIOR**: compara a produção do mês de referência do índice com a do mês imediatamente anterior. As séries são obtidas a partir do índice de base fixa mensal ajustado sazonalmente e são divulgadas somente para a indústria geral;
» **ÍNDICE MENSAL**: compara a produção do mês de referência do índice em relação a igual mês do ano anterior;
» **ÍNDICE ACUMULADO NO ANO**: compara a produção acumulada no ano, de janeiro até o mês de referência do índice, em relação a igual período do ano anterior;
» **ÍNDICE ACUMULADO NOS ÚLTIMOS 12 MESES**: compara a produção acumulada nos últimos 12 meses de referência do índice em relação a igual período imediatamente anterior.

Fonte: IBGE, 2018g.

Nas estatísticas de produção industrial, é possível fazer também uma distinção entre bens de capital, bens de consumo, bens de consumo duráveis, semiduráveis e não duráveis e bens intermediários, como vimos no início deste capítulo. Segundo o dicionário *Houaiss* (2009, p. 275), os bens de capital são "bens que servem para a produção de outros bens, como máquinas, equipamentos, materiais de construção, instalações industriais etc.". Já os bens de consumo duráveis são "bens que atendem diretamente a demanda a médio ou longo prazo, tais como geladeira, televisão, máquina de lavar roupa, computadores, automóveis etc." (Houaiss, 2009, p. 275).

Existem outros indicadores importantes para mensurar a atividade econômica e o desempenho da economia, como o Produto Interno Bruto (PIB), por exemplo. De qualquer forma, é importante destacar que todo e qualquer indicador apresenta vantagens e limitações. Em certos casos, iluminam a análise em determinado aspecto, porém obscurecem em muitos outros.

Cusinato, Minella e Pôrto Júnior (2013, p. 50) apontam uma breve distinção entre o PIB e a produção industrial. Para esses autores,

> Ainda que o Produto Interno Bruto (PIB) seja a sua principal medida, a produção industrial apresenta um importante diferencial. Enquanto o PIB é uma medida trimestral, divulgada com uma defasagem superior a dois meses, a PI [produção industrial] é mensal e é divulgada com uma defasagem um pouco superior a um mês. Além disso, o componente cíclico da PI é bem correlacionado com o ciclo econômico brasileiro. Assim, a PI é uma alternativa natural tanto para trabalhos de pesquisa que utilizam dados mensais quanto para análises efetuadas pelos

agentes econômicos, que tomam decisões em tempo real e precisam obter informações recentes sobre o estado da economia.

Obviamente, com levantamentos mensais é possível também organizar os dados para se chegar a uma avaliação anual. Vejamos como exemplo o Gráfico 2.1, que mostra a produção industrial brasileira considerando-se os bens de capital, os bens intermediários e os bens de consumo entre os anos de 2013 e 2015.

Como a análise é pautada por índices que têm como base os anos anteriores, podemos afirmar que em 2013 a produção industrial apresentava índices positivos e elevados em relação ao ano de 2012, com destaque para a produção dos bens de capital. Por outro lado, todas as variáveis consideradas sofreram queda em 2014 e 2015, com acentuados índices negativos para a produção de bens de capital. Esse dado é relevante uma vez que a produção de bens de capital está diretamente relacionada ao desempenho da economia como um todo.

Gráfico 2.1 – Produção industrial no Brasil, 2013-2015

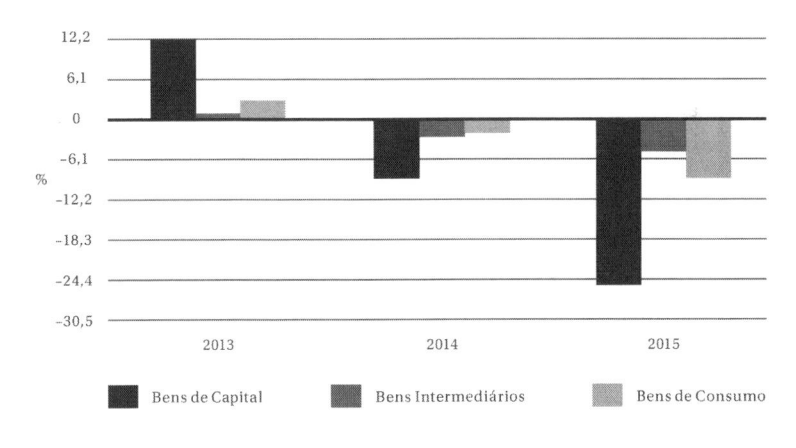

Fonte: IBGE, 2018a.
Nota: Índice acumulado no ano (Base: igual período do ano anterior)

Outra comparação interessante leva em consideração o desempenho da produção industrial em um dado mês e ano em relação ao mesmo mês do ano anterior. Observando o Gráfico 2.2, identificamos que a produção industrial apresentou melhorias na comparação entre janeiro de 2016 e janeiro 2017, seja em variáveis da indústria consideradas de maneira particular (como os bens de capital), seja para a indústria como um todo (indústria geral).

Gráfico 2.2 – Pesquisa Industrial Mensal – Produção Física – Índice Mensal, jan. 2017

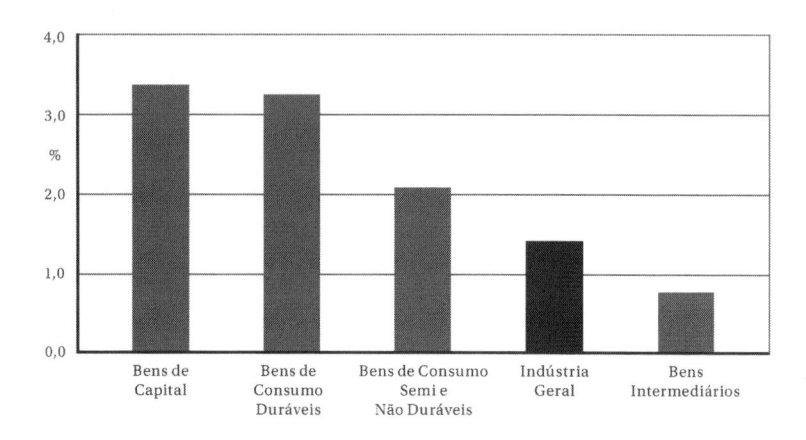

Fonte: IBGE, 2017a, p. 11.

Podemos perceber que várias análises podem ser realizadas com base nos indicadores de produção industrial – na comparação mês/mês, ano/ano, índice mensal etc, conforme descrevemos anteriormente aos destacar os cinco tipos distintos de índices. Uma última análise que podemos considerar distinta em relação àquilo que já apresentamos até agora no tocante aos indicadores de produção industrial abrange índices de base fixa mensal em conjunto com índices mensais.

De acordo com informações do IBGE (2018g), índices de base fixa mensal comparam a produção do mês de referência do índice com a média mensal produzida no ano-base da pesquisa. Já os índices mensais comparam a produção do mês de referência do índice em relação a igual mês do ano anterior. Observe agora o exemplo apresentado na Tabela 2.4, considerando-se desta vez não os bens de capital ou bens de consumo, mas seções e atividades da indústria.

Tendo em vista inicialmente a base fixa mensal, assumamos como ano-base da pesquisa o ano de 2012, estabelecendo-se os patamares referentes a esse ano com o valor de 100. Ou seja, se os valores nos anos e meses subsequentes forem menores do que 100, então o desempenho será pior comparado com o desempenho apresentado no ano de 2012. Do contrário, se os valores forem maiores do que 100, isso indicará uma melhoria nesse índice e, portanto, níveis acima do patamar estabelecido em 2012. Em outras palavras, os dados demonstrarão uma trajetória de crescimento da produção industrial.

Tabela 2.4 – Indicadores de produção industrial por seções e atividades da indústria no Brasil – 2017

Seções/Atividades de Indústria	Base fixa mensal (1)			Mensal (2)		
	Abr	Mai	Jun	Abr	Mai	Jun
Indústria geral	79,4	89,9	88,1	95,6	104,1	100,5
Indústrias extrativas	94,5	100,9	100,5	104,4	102,8	104,5
Indústrias de transformação	77,5	88,5	86,5	94,4	104,3	99,9
Produtos alimentícios	80,9	104,9	113,2	83,3	100,6	107,2
Bebidas	77,3	85,4	82,7	89,3	98,3	100,6
Produtos do fumo	104,3	128,3	125,3	105,2	140,6	130,0

(continua)

(Tabela 2.4 - conclusão)

Seções/Atividades de Indústria	Base fixa mensal (1)			Mensal (2)		
	Abr	Mai	Jun	Abr	Mai	Jun
Produtos têxteis	76,4	85,6	82,5	98,7	109,7	104,4
Confecção de artigos do vestuário e acessórios	72,5	86,5	85,5	97,8	112,3	98,0
Couros, artigos para viagem e calçados	85,4	96,1	84,5	97,9	114,6	94,4
Produtos de madeira	90,8	100,6	94,4	94,7	102,7	94,5
Celulose, papel e produtos de papel	99,2	104,1	103,6	101,8	103,1	105,1
Coque, produtos derivados do petróleo e biocombustíveis	89,8	92,3	91,6	92,1	95,9	94,7
Máquinas, aparelhos e materiais elétricos	69,6	79,1	73,4	82,2	95,1	89,3
Máquinas e equipamentos	71,5	79,6	79,6	95,1	106,8	105,8
Veículos automotores, reboques e carrocerias	58,9	76,0	67,1	101,2	127,4	106,6

Fonte: Elaborado com base em IBGE, 2017b, p. 24
(1) Base: Média de 2012 = 100 (2) Base: Igual mês do ano anterior = 100

A Tabela 2.4 mostra que, nos meses de abril, maio e junho de 2017, os valores foram inferiores aos valores estabelecidos como base em 2012 para a indústria geral. Ou seja, a indústria como um todo (o conjunto de todas as indústrias) em 2017 apresentou desempenho inferior ao desempenho obtido em 2012. Contudo, é importante destacar que esse desempenho não se refletiu em todos os setores da indústria, uma vez que houve setores que tiveram bom desempenho nesse período, como os produtos do fumo.

Quando analisamos os dados referentes à base fixa mensal, percebemos que, nos meses de abril, maio e junho de 2017, a produção industrial em diversos setores da indústria foi superior se comparada aos mesmos meses do ano de 2012. Esse é o caso das indústrias extrativas, dos produtos do fumo, da celulose e papel, dos veículos automotores, entre outros.

Síntese

Neste capítulo, descrevemos os diferentes tipos de indústria (leves e pesadas, extrativas e de transformação). Mostramos que em cada tipo de indústria há um grupo de atividades que podem ser categorizadas segundo a Cnae. Nesse sentido, procuramos analisar também a Cnae, identificando e reconhecendo seus níveis de agregação e desagregação conforme cada tipo de atividade ou indústria. Finalmente, abordamos os indicadores de produção industrial, relacionando-os aos principais tipos de indústria e atividades, de acordo com a Cnae.

Indicações culturais

Filme

> THE INDUSTRIAL Revolution in England. Produção: John Barnes. Inglaterra: Encyclopaedia Britannica Films, 1959. 25 min. Disponível em: <https://archive.org/details/industrialrevolution inengland>. Acesso em: 5 dez. 2018.

> *O documentário produzido por John Barnes sobre o pioneirismo inglês na Revolução Industrial apresenta uma análise bastante interessante no contexto das diferentes atividades econômicas e tipos de indústrias que analisamos até agora. Em diversos momentos*

durante o filme, é possível estabelecer relações entre as atividades econômicas enfocadas neste capítulo e o processo de industrialização ocorrido na Inglaterra.

Atividades de autoavaliação

1. As indústrias que têm sua produção destinada diretamente ao mercado consumidor são chamadas de:
   a) indústrias de bens de consumo.
   b) indústrias de equipamentos.
   c) indústrias pesadas.
   d) indústrias extrativas.

2. Sobre os tipos de indústrias, leia as proposições a seguir e assinale a alternativa correta.
   a) A indústria tradicional faz uso de máquinas com alto grau de tecnologia.
   b) A indústria 4.0 emprega, em seu processo de produção, muito mais mão de obra do que máquinas, tecnologias e inteligência artificial.
   c) A indústria pesada consome grandes quantidades de energia e matéria-prima; exemplo disso é a produção do aço.
   d) A indústria de base é também conhecida como indústria leve.
   e) A indústria de bens não duráveis produz bens que servirão de matéria-prima para outras indústrias.

3. (UFMS – 2010) A partir do estabelecimento da indústria como novo ramo de atividade econômica, níveis diferenciados de tecnologia foram empregados no processo fabril. De acordo com o nível tecnológico e a função que cada segmento fabril desempenha na economia das atuais sociedades capitalistas,

a indústria pode assumir diferentes classificações. Em relação à classificação das indústrias, é correto afirmar.

(01) Indústrias de tecnologia de ponta são aquelas que produzem recursos tecnológicos altamente sofisticados, resultantes da aplicação imediata das descobertas científicas no processo de produção. São exemplos de indústrias de tecnologia de ponta: as de informática, de produtos eletrônicos, a aeroespacial e as de biotecnologia.

(02) Indústrias tradicionais são aquelas que primeiro se instalaram em uma região. Servem de base para outras indústrias, fornecendo-lhes matérias-primas já processadas. Utilizam equipamentos pesados e pouca mão de obra, considerando o elevado grau de automação dos equipamentos. São exemplos de indústrias tradicionais: as siderúrgicas, as cimenteiras, as metalúrgicas e as cerâmicas.

(04) Indústrias de bens de produção são aquelas que produzem mercadorias para o consumo da população. Empregam muita mão de obra e pouca tecnologia e atuam em mercados altamente competitivos em nível regional. São exemplos de indústrias de bens de produção: indústrias alimentícias, indústrias moveleiras e indústrias farmacêuticas.

(08) Indústrias de bens intermediários são aquelas que produzem máquinas e equipamentos que serão utilizados em outros segmentos da indústria e em diversos setores da economia. São exemplos de indústrias de bens intermediários: indústria mecânica e indústria de autopeças.

(16) Indústrias de bens de consumo são aquelas que fabricam bens que são consumidos pela população em geral. Estão divididas em bens de consumo duráveis e bens de consumo

não duráveis. Entre as indústrias de bens de consumo duráveis, estão: as indústrias de produção de eletrodomésticos e a indústria automobilística. Entre as indústrias de bens de consumo não duráveis, estão: as tecelagens, as de confecções, as de produtos alimentares, as de perfumaria e medicamentos.

4. A indústria automobilística é geralmente conhecida pela capacidade de geração de empregos, atração de investimentos e utilização de tecnologia sofisticada. Com relação a essa indústria, é correto afirmar:
   a) Trata-se de uma indústria pesada.
   b) É uma indústria de base.
   c) Produz produtos perecíveis e de primeira necessidade.
   d) Trata-se de uma indústria de bens de consumo duráveis.

5. As indústrias de bens de consumo podem ser classificadas como:
   a) leves e pesadas.
   b) de base ou de bens de produção.
   c) de bens duráveis e de bens não duráveis.
   d) de bens de capital ou indústrias pesadas.

Atividades de aprendizagem

Questões para reflexão

1. Tendo considerado os principais tipos de indústrias, estabeleça uma distinção entre indústrias leves e indústrias pesadas.

2. Quais são as principais características das indústrias de bens duráveis em relação às indústrias de bens não duráveis?

3. Agora que você já sabe diferenciar uma indústria pesada de uma indústria leve ou de bens de consumo, amplie seus conhecimentos e procure explicar o que é uma indústria de bens de capital. Dê exemplos desse tipo de indústria.

Atividade aplicada: prática

1. Nesta seção, propomos uma atividade em que você precisará consultar a Classificação Nacional de Atividades Econômicas (Cnae). A atividade consiste em uma pesquisa que abranja produtos consumidos pela população, ou seja, bens de consumo. Escolha uma atividade pertencente à indústria de transformação e realize uma pesquisa para verificar como essa atividade é classificada segundo a Cnae 2.0. Procure identificar o maior nível de desagregação da atividade, ou seja, seu maior grau de especificidade, geralmente indicado por dígitos de 05 a 07. Utilize como exemplo os níveis de desagregação apresentados no Quadro 2.2. Para a coleta dos dados, consulte o *site* indicado a seguir para cada tipo de atividade analisada. Para facilitar sua análise, sugerimos que use como modelo o Quadro A, apresentado na sequência.

IBGE – Instituto Brasileiro de Geografia e Estatística. **Classificação Nacional de Atividades Econômicas**. Disponível em: <http://cnae.ibge.gov.br/?view=estrutura>. Acesso em: 15 out. 2018.

Quadro A – Atividades relacionadas à fabricação de _____
(a escolher)

Seção	C	Indústria de transformação
Divisão		
Grupo		
Classe		
Subclasse		

Caso queira ampliar seus conhecimentos, pesquise também os locais (*shopping centers*, supermercados, farmácias etc.) em que é possível encontrar produtos relacionados à atividade escolhida e identifique no rótulo ou embalagem de cada produto o nome da empresa, o local de produção, a marca ou ainda diferenças de preço entre os produtos. Você perceberá que essa é uma atividade bastante interessante que abrange ensino e pesquisa e a compreensão acerca dos diferentes lugares envolvidos na realização das atividades econômicas.

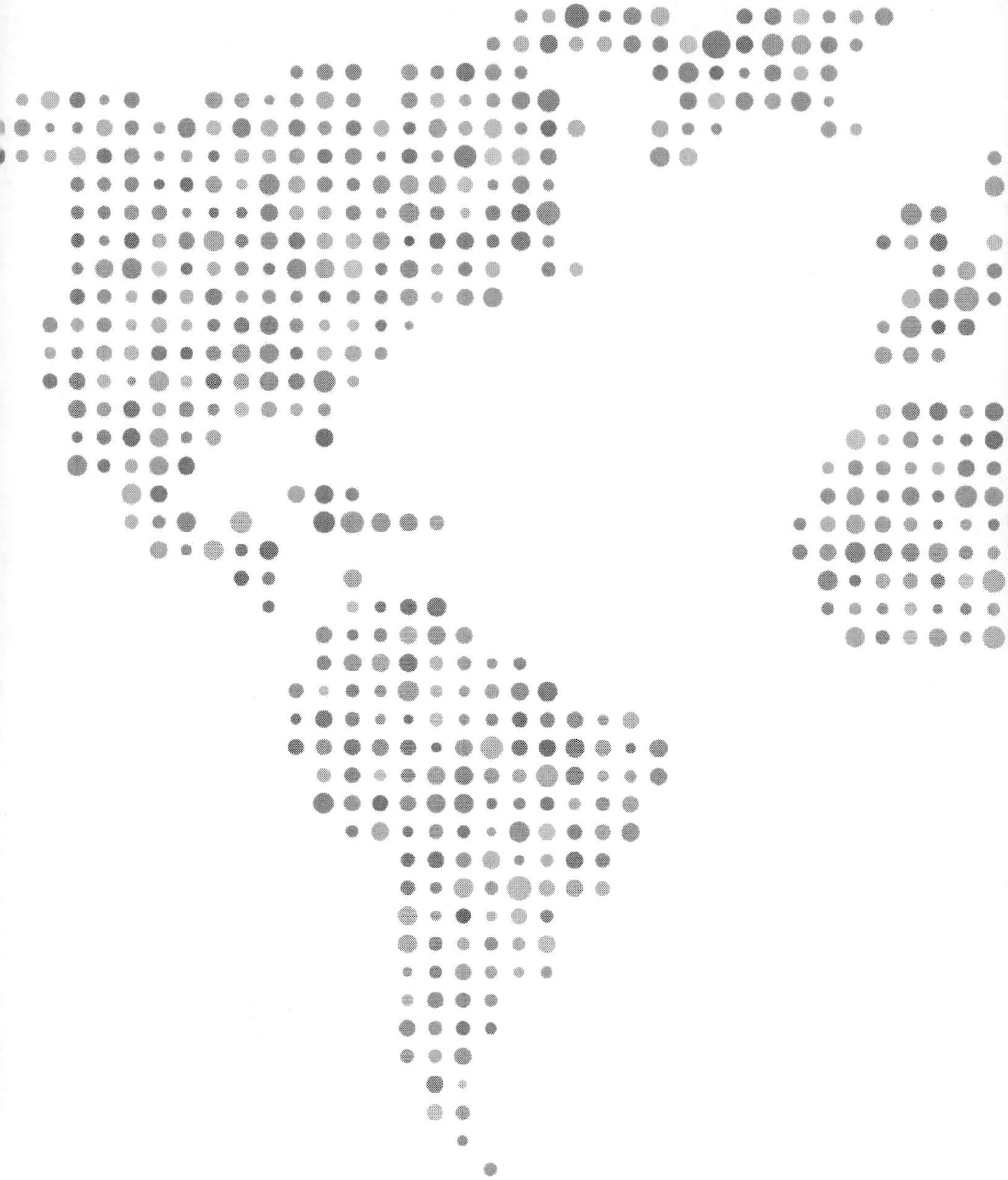

3
Abordagens em geografia industrial: as teorias de localização

Neste capítulo, trataremos de algumas das abordagens clássicas em estudos de geografia industrial, como é o caso das teorias de localização. Abordaremos as teorias do Estado isolado, da localização industrial, do polo de crescimento e dos lugares centrais. Cada teoria assume uma perspectiva para explicar como a sociedade se estrutura em função dos fluxos gerados nesse contexto. É importante frisar que as teorias foram elaboradas em épocas distintas, devendo-se entender que cada teórico construiu uma abordagem específica com base em sua observação do ambiente local. Algumas delas não são mais aplicáveis à realidade da sociedade moderna em virtude das grandes mudanças que ocorreram no último século. Entretanto, conhecê-las é importante para compreender a evolução da análise espacial.

3.1 Teoria do Estado isolado, de Johann Heinrich Von Thünen

Johann Heinrich Von Thünen, nascido em Wangerland, Alemanha, em 1783, elaborou a teoria do Estado Isolado, também conhecida como o modelo de localização de Von Thünen. O modelo foi pioneiro na teorização sobre aglomerações espaciais e na análise do padrão de ocupação dos espaços geográficos, sendo o passo inicial para a elaboração de sofisticados modelos que são utilizados atualmente.

É importante destacar que esse modelo foi proposto no século XIX, no contexto europeu em que a agricultura era tida como a principal atividade econômica, exceto na Inglaterra, que passava pelo processo da Revolução Industrial e já trilhava os primórdios da industrialização.

Partindo do cenário real da Alemanha do século XIX, Von Thünen observou o grande peso da agricultura e desenvolveu uma teoria aplicada à organização espacial da agricultura. A teoria foi publicada em 1826, partindo da premissa de que o Estado isolado não tinha contato com o exterior e a atividade era desenvolvida internamente.

Importante!

A teoria do Estado isolado leva em consideração a localização dos tipos de culturas agropecuárias em relação ao centro urbano, dispostos em **círculos concêntricos**, sendo que cada círculo tem um tipo de produção agrícola. Assim, as atividades do meio rural estão situadas a uma distância do centro, e a análise da teoria se baseia no fornecimento de produtos agrícolas às cidades, conforme indica a Figura 3.1.

Figura 3.1 – Teoria de localização da atividade agrícola segundo Von Thünen

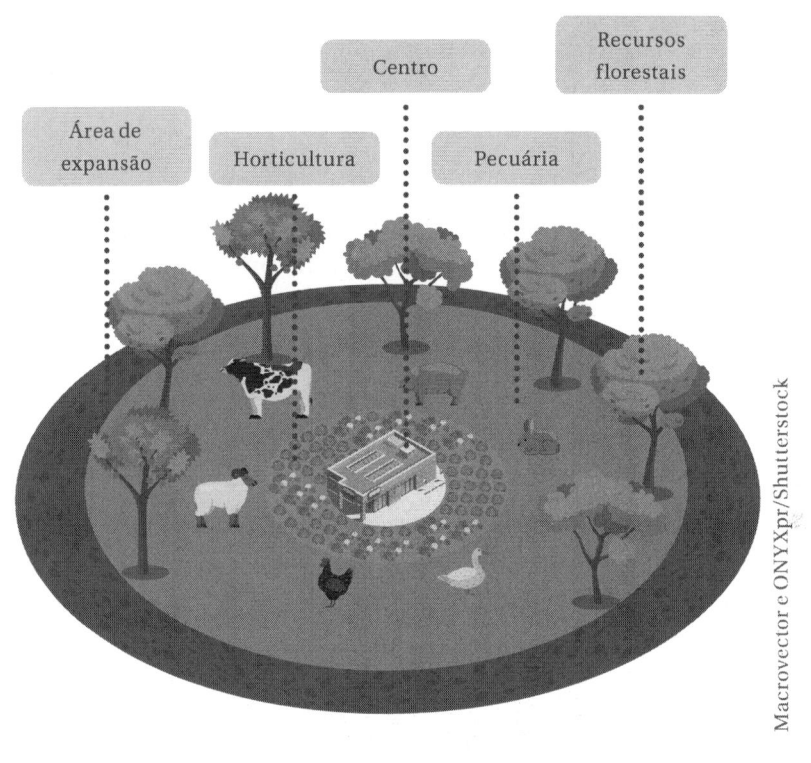

Legendas da figura: Centro; Recursos florestais; Área de expansão; Horticultura; Pecuária

Crédito: Macrovector e ONYXpr/Shutterstock

De acordo com a teoria de Von Thünen, em cada círculo será desenvolvido um tipo de produto agrícola e sua localização está condicionada à natureza do produto e ao custo de deslocamento. O teórico dispõe os anéis concêntricos conforme as atividades agropecuárias, que acabam definindo a paisagem rural, e o centro corresponde à cidade.

Para ficar mais claro o funcionamento da teoria, vamos a um exemplo prático: os produtos agrícolas de consumo mais imediato (como frutas e verduras) deverão ser produzidos em local mais próximo do centro consumidor, ou seja, das cidades. Esse cuidado se justifica pelo fato de serem produtos perecíveis e de consumo imediato.

Vamos considerar, por exemplo, o cultivo de alface. Por ser um produto delicado e que requer controle de temperatura e irrigação para se manter fresco, a produção deve ocorrer perto da cidade. Se a distância entre produtor e consumidor for muito grande, o risco de o produto estragar será muito alto. É importante frisar que a teoria de Von Thünen é do século XIX e que as condições de produção e os meios de transportes eram bem diferentes dos que encontramos atualmente.

Vejamos, agora, um segundo exemplo: produção de carne bovina. Segundo o modelo, a distância poderia ser maior, já que para essa atividade também é necessária uma área maior. É preciso lembrar que, na época, não se conheciam algumas das técnicas de criação intensiva, como a de animais pelo confinamento e a adoção de procedimentos tecnológicos.

Para Monasterio e Cavalcante (2011), os pressupostos para o modelo de Von Thünen são:

» Os agentes do circuito econômico gerado são tomadores de preço, isto é, ninguém tem poder de monopólio, não há um único "dono" de terra.
» Existe livre-entrada nas atividades agrícolas, ou seja, entra quem quer produzir.
» A produção é feita com retornos constantes de escala, isto é, quando se aumentam os fatores de produção (recursos naturais, trabalho, capital), há um aumento na mesma proporção da quantidade produzida, ou seja, aumenta-se o terreno para

produzir, colocam-se mais dinheiro e mais pessoas e o volume de produção aumenta na mesma proporção.

» O terreno é homogêneo, isto é, não há diferença de fertilidade do solo, os aspectos físicos não são considerados. O modelo está baseado na distância em relação ao centro e não na fertilidade do solo.

» Os preços de cada produto são dados na cidade, ou seja, o preço é determinado pelo mercado.

É possível lançar dois questionamentos importantes quanto à relação cidade-campo nesse modelo. O primeiro se refere aos padrões produtivos que se estabelecem em torno da cidade, e o segundo diz respeito aos problemas gerados pela distância entre os sistemas agrários e o centro urbano. O anel que está mais próximo da cidade é composto pela horticultura e pela fruticultura.

A distância entre essas culturas agropecuárias e a cidade deve ser pequena, em razão do fato de que os produtos precisam ser consumidos em poucos dias. Von Thünen deixou claro em sua teoria que pode haver uma sobreposição dos anéis ou até mesmo a expansão do centro urbano sobre o primeiro anel.

Segundo a lógica desse modelo, se o preço é dado na cidade e existem os custos de transporte, os agricultores que estão mais próximos do centro têm vantagens porque seu custo de transporte é menor em relação a um agricultor que está mais distante. O mercado vai pagar o mesmo preço independentemente de onde foi produzido o produto agrícola.

Consequentemente, o agricultor que está mais próximo do centro tem maiores lucros. Como no modelo existe a entrada livre de agricultores, as terras serão disputadas pelos novos agricultores. Como resultado, o preço da terra subirá até o lucro ser dissipado. Desta forma, os donos das terras mais próximas têm renda maior em relação aos agricultores que estão mais distantes do centro (Monasterio; Cavalcante, 2011).

Agora, vejamos um exemplo dado por Monasterio e Cavalcante (2011): seguindo o modelo de Von Thünen, vamos supor que um pé de alface tem um custo de produção de R$ 0,60 e o custo de transporte é de R$ 0,01 por quilômetro. Ele ocupa 1 m^2 e seu preço de venda é de R$ 1,00. Assim, os produtores localizados à distância zero do centro teriam um lucro de R$ 0,40 por pé de alface, caso não tivessem de pagar renda aos proprietários da terra.

O modelo de Von Thünen foi pioneiro na explicação da organização espacial e tem sido útil para se pensar nas atividades econômicas realizadas tanto em ambientes rurais como em urbanos. Entretanto, o contexto urbano passou por várias modificações desde o século XIX até os dias atuais, e hoje o modelo é considerado limitado. Nele não se consideram certas situações referentes à expansão urbana. Quando a cidade cresce e se expande em direção aos ciclos agrícolas, o que ocorre? Os limites da cidade não são fixos com a expansão da área urbana, e a teoria não abarca essa situação.

Lembramos que, quando Von Thünen elaborou essa teoria, não havia indústrias na Europa, o cenário era agrícola. A outra crítica feita ao modelo é que Von Thünen não considera as diferenças de fertilidade dos solos nem as diferenças do ambiente físico. Por exemplo: O que acontece quando existe uma terra próxima à cidade se ela não é fértil? Como classificar o anel concêntrico em terreno acidentado ou com grande declividade?

Em virtude da simplicidade do modelo, essas questões não são abordadas. Para os dias atuais, é impensável uma teoria de Estado isolado, segundo a qual não há fluxo entre as cidades, os Estados e outras regiões do mundo, já que moramos em uma aldeia globalizada. Atualmente, é possível produzir banana no interior do

Paraná, exportar pelo porto de Paranaguá e vender o produto em alguma feira em Portugal. As bananas podem ser transportadas via contêiner ainda verdes e passar pelo processo de amadurecimento durante o transporte até chegar ao destino final.

Preste atenção!

Logo após a publicação da teoria de Von Thünen, o processo de industrialização na Europa se intensificou rapidamente e, por consequência, a competição pelo uso do solo aumentou. Por isso, o modelo é muitas vezes questionado por não considerar a relação entre industrialização e uso do solo urbano.

3.2 Teoria de localização industrial, de Alfred Weber

A teoria de localização industrial foi lançada em 1909 pelo alemão Alfred Weber, nascido em Erfurt, Alemanha, em 1868. Weber considerava os custos de transporte de matérias-primas e dos produtos em função da localização do mercado consumidor e da mão de obra. Assim, elaborou uma teoria para explicar a localização das indústrias.

Atualmente, sob o ponto de vista do empresariado, o empreendedor quer localizar sua empresa onde os custos são os menores possíveis. Partindo dessa perspectiva, já no século XX, Weber elaborou uma teoria matemática para achar a melhor localização industrial levando em consideração os custos de transporte, o custo total da atividade industrial e o processo industrial.

Segundo Monasterio e Cavalcante (2011, p. 52), "o custo de transporte cresce linearmente de acordo com a distância". Para

Weber, enquanto os insumos estão disponíveis em qualquer lugar, as matérias-primas estão disponíveis em apenas alguns lugares.

Considerando-se que PML é o peso das matérias-primas localizadas e PT é o peso total do produto final, o PL, ou seja, o peso locacional, pode ser definido de acordo com a expressão abaixo:

$$PL = \frac{PML + PT}{PT}$$

Geralmente, as indústrias que fazem uso de matérias-primas pesadas estão localizadas em áreas próximas das fontes de matérias-primas, pois, quanto maiores forem a distância e o peso do material a ser transportado, maior será o custo de transporte e de produção.

Quando os valores do peso locacional são menores do que 2 na fórmula dada anteriormente, isso indica um produto para o qual as matérias-primas localizadas são mais leves do que o produto final. Nesse caso, a tendência é que a localização das fábricas seja mais próxima do mercado consumidor. Como explicam Monasterio e Cavalcante (2011, p. 54), "Isso ocorre porque é mais barato trazer os insumos localizados até a fábrica próxima do consumidor do que produzir o bem junto aos insumos localizados, e, então, transportar o produto final. Engarrafadores de bebidas são o exemplo clássico dessa situação".

Opostamente, valores altos de peso locacional indicam que a produção do bem requer uma quantidade grande de matérias-primas localizadas em relação ao peso do produto final. Quando o peso locacional é maior que 2, trata-se de um produto que implica uma grande destruição de insumos até que se obtenha o bem final. Podemos tomar como exemplo uma fábrica de tampos de mesas de mármore (Monasterio; Cavalcante, 2011). A Figura 3.2

ilustra a dinâmica de localização industrial, considerando-se a localização de duas fontes de matérias-primas, a localização do mercado consumidor e os custos de transporte envolvidos.

Figura 3.2 – Modelo simplificado da teoria de localização industrial de Alfred Weber

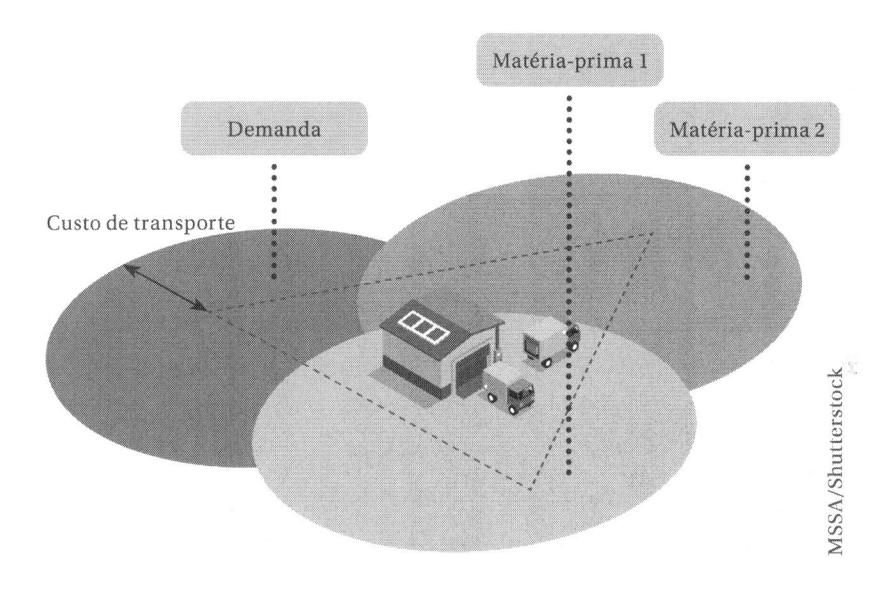

MSSA/Shutterstock

No Brasil, vemos produtores de ferro localizados em áreas próximas de portos, com acessibilidade, fazendo uso principalmente do transporte ferroviário, que tem menor custo.

Importante!

Dependendo do tipo de indústria, a aproximação com o mercado consumidor é estratégico para a distribuição dos produtos, como no caso das indústrias de alimentos ou bebidas que se localizam em áreas próximas dos mercados consumidores.

Assim como no modelo de Von Thünen, diversas variáveis ou fatores de localização não foram considerados na análise de Weber. Isso não significa que o modelo seja inútil e sim que é limitado, se considerarmos os fatores atuais de localização da atividade industrial. Analisaremos os fatores contemporâneos de localização industrial no próximo capítulo desta obra.

3.3 Teoria dos lugares centrais, de Walter Christaller

A teoria dos lugares centrais (TLC) foi lançada em 1933 pelo geógrafo Walter Christaller, nascido em Berneck, Suíça, em 1893. Christaller se baseou no caso da Bavária, Alemanha. Sua teoria tinha como principal preocupação a definição do processo de distribuição das atividades de comércio e serviços urbanos e seus respectivos raios de abrangência.

Para Christaller, uma cidade era composta por um conjunto de atividades urbanas caracterizadas pela oferta de bens e serviços e que ele chamou *funções centrais*. O volume de funções era fator determinante do tamanho da cidade dentro da hierarquia urbana. A ideia central de Christaller é quantificar as funções de um centro urbano, verificar o quanto este é importante e influencia as regiões próximas. Logicamente, à medida que uma cidade se torna maior, sua influência também fica mais evidente. São Paulo, por exemplo, tem uma influência sobre outras cidades que extrapola seu estado. Já uma cidade média no interior do Paraná tem uma influência que tende a ser em menor escala, influenciando regiões próximas.

Importante!

A teoria dos lugares centrais revela uma organização espacial da população de acordo com a importância e o dinamismo das atividades econômicas, principalmente o comércio e a indústria. A proximidade de centros industriais e comerciais faz com que a distribuição da população ocorra em torno desses polos concentradores de funções ou serviços.

A questão do espaço urbano é bem definida no modelo teórico de Christaller, sendo representada na hierarquia urbana (vila, centro, cidade e conurbação). Todavia, o espaço rural é definido como um lugar pouco habitado e com atividades pouco dinâmicas. Christaller buscou determinar, também, o formato das áreas de mercado em que todos os consumidores são atendidos e observou que algumas áreas circulares (fazendo referência a Von Thünen) não são providas de determinadas funções ou serviços.

3.4 Teoria dos polos de crescimento, de François Perroux

François Perroux é um economista francês que elaborou a teoria dos polos de crescimento (*théorie des pôles de croissance*, em francês), lançada em 1955. François Perroux nasceu em 1903 e veio a falecer em 1987, portanto viveu em um período de guerras mundiais e participou ativamente de toda a transformação política e econômica na Europa no século XX. Em virtude do contexto político, suas influências intelectuais foram as mais diversas, desde Joseph Schumpeter (um economista conhecido pela inclusão da inovação tecnológica no contexto econômico) e Carl Schmitt (que dedicou sua vida ao estudo dos fundamentos filosóficos da política) até leituras de Karl Marx (revolucionário socialista). Esses pensadores foram fundamentais para a construção do pensamento sobre a economia política de Perroux. Ele deixou um legado à economia regional, sendo possível, por meio de sua teoria, traçar estratégias de desenvolvimento econômico para regiões que carecem de estrutura e demanda de consumo.

Para iniciar os estudos sobre os polos de crescimento, é imprescindível compreender a diferença entre crescimento econômico e desenvolvimento econômico. No meio político, é comum o tratamento desses dois conceitos como sinônimos, porém, para os economistas, há uma definição técnica.

O **crescimento econômico** ocorre quando há aumento da capacidade produtiva da unidade em questão. Por exemplo, quando se consulta o Produto Interno Bruto (PIB) de um país e se percebe que houve aumento em relação ao ano superior, é possível dizer que houve crescimento econômico. Observe o Gráfico 3.1.

Gráfico 3.1 – PIB do Brasil a preços correntes – 2002-2015

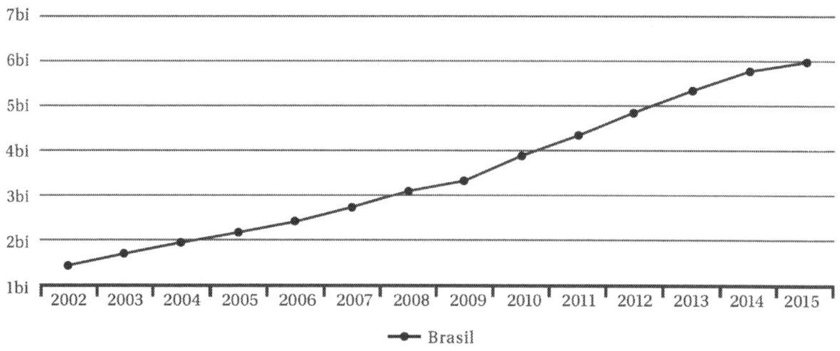

Fonte: IBGE, 2018h.

O PIB do Brasil entre 2002 a 2015 apresenta crescimento em valores a preços correntes, o que não significa que a condição de vida da população brasileira tenha melhorado.

Já o **desenvolvimento econômico** é a mudança da estrutura econômica e social de um país. Por exemplo: o Índice de Desenvolvimento Humano Municipal (IDHM) é um indicador usado para medir o desenvolvimento econômico da região estudada. Observe o Gráfico 3.2.

Gráfico 3.2 – IDHM do Estado do Paraná

(gráfico de linhas mostrando IDHM nos anos 1991, 2000 e 2010 para: Paraná, UF de maior IDHM no Brasil, UF de menor IDHM no Brasil e IDHM Brasil)

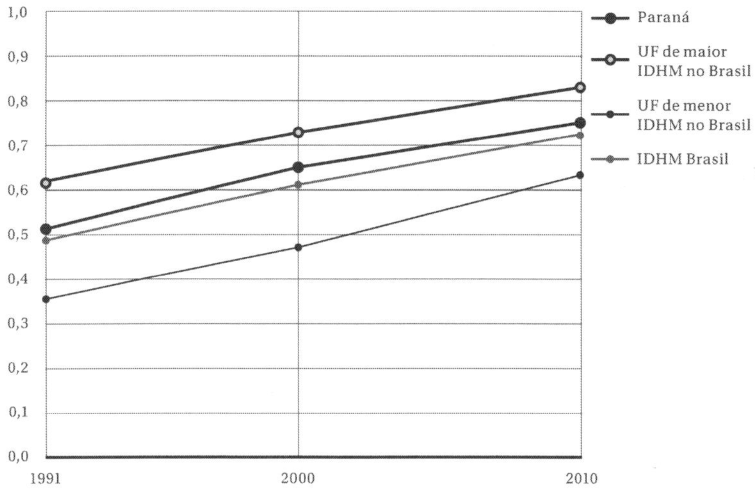

Fonte: Atlas do Desenvolvimento Humano no Brasil, 2018.

O IDHM do Estado do Paraná tem melhorado desde 1991 em virtude das alterações da base socioeconômica. Nesse panorama, "a dimensão cujo índice mais cresceu em termos absolutos foi Educação [...], seguida por Longevidade e por Renda" (Atlas de Desenvolvimento Humano no Brasil, 2018).

É importante salientar que, para alcançar o desenvolvimento econômico, é necessário que haja (inicialmente) crescimento econômico. Isso ocorre porque o desenvolvimento requer disponibilidade de recursos e investimentos em infraestrutura. Só assim acontecerá de forma a atingir a população do município/país/região em análise.

Para oferecer uma estrutura de saúde, educação, moradia e saneamento básico, uma cidade necessita que os gestores locais (prefeitos, vereadores e toda a elite política) tenham acesso a recursos financeiros para investir nessas áreas. Esses recursos financeiros são advindos de impostos, taxas e serviços pagos pelas indústrias locais e por empresas (tanto do setor primário como do terciário) que, por meio da prestação de serviços ou produção de produtos, geraram receita e, consequentemente, crescimento econômico no local onde estão instaladas.

Havendo clareza sobre esses dois conceitos, fica mais fácil compreender a teoria dos polos de crescimento de Perroux. Como afirma Vargas (1985, p. 9), o "polo de crescimento é uma unidade motriz num determinado meio econômico". Observe a Figura 3.3.

Figura 3.3 – Polo de crescimento segundo Perroux

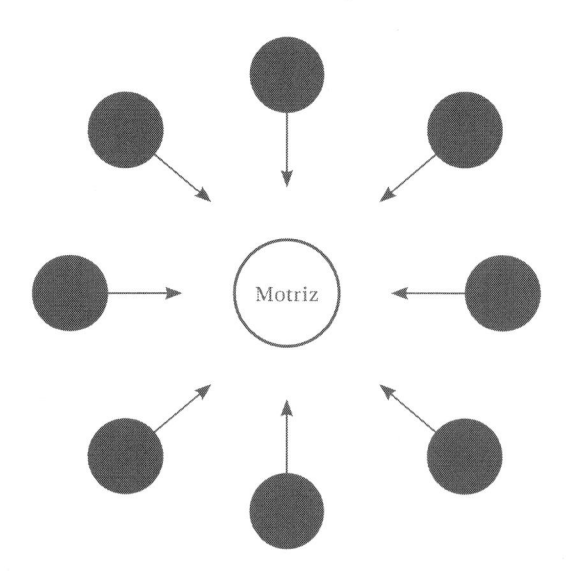

A principal premissa usada na teoria de Perroux baseia-se na observação de que os desequilíbrios regionais estão presentes nos diversos países. O desenvolvimento econômico não age de forma homogênea. Esse desequilíbrio advém da dominação de forças políticas, econômicas e sociais de alguma unidade econômica em detrimento de outras, porque o mercado apresenta uma concorrência imperfeita. Perroux "combate" as ideias da existência da competição perfeita. Para ele, trata-se de um conceito puramente abstrato, ou seja, nas leis do mercado, a competição é acirrada e acarreta desequilíbrios em virtude do domínio de certas unidades econômicas.

Preste atenção!

A unidade econômica representa uma indústria, uma empresa (nacional/multinacional), um grupo empresarial forte, um complexo industrial, uma elite política ou qualquer outro grupo que possa exercer influência sobre outro.

O fator de dominação de uma unidade econômica em relação a outra pode ser derivado do poder de negociação, do tipo de atividade ou do ramo de atividade. Como exemplos podemos citar a influência do grupo da empresa Kraft Foods Inc. no setor alimentício, o caso do grupo francês Fnac no ramo editorial e a atuação da Toyota como um grande *player* do mercado automobilístico. Cada grupo citado exerce influência no mercado na qual atua em razão dos fatores de dominação já citados.

Essa diferença de dominação é justificada por Perroux do seguinte modo: o polo de crescimento (que tem a força motriz) tem um crescimento não linear e não simultâneo e apresenta intensidades diferentes e variáveis que são distribuídas por diferentes canais. Consequentemente, há resultados distintos no conjunto da economia. Por exemplo: como não há indústrias automobilísticas em todas as cidades brasileiras, as cidades que aportam essas empresas tendem a apresentar resultados de crescimento econômico maiores do que os obtidos pelas cidades que não têm empresas automobilistas. Esse é apenas um exemplo; é possível identificar outros tipos de indústrias locais que impactam o conjunto da economia de um país.

O conceito de espaço econômico foi reformulado por Perroux, diferentemente do observado em relação a outros teóricos, como Von Thünen, Weber e Losh, os quais entendiam que as atividades econômicas estão sob o espaço geográfico. Na teoria de Perroux, a geografia entra como um "segundo plano de interesse". Ele entendia "que a geografia agia como um recipiente rígido e passivo que condicionava a evolução dinâmica das forças econômicas" (Vargas, 1985, p. 7). Para Perroux, o **espaço econômico** pode ser definido de três formas:

1. espaço econômico como um plano ou programa;
2. espaço econômico como um campo de forças ou relações funcionais;
3. espaço econômico como um agregado homogêneo.

Para compreender o espaço econômico como um plano ou programa, pense em uma indústria ou uma empresa considerada grande na cidade em que você reside. Ela gera muitos empregos, tem uma sede própria e possui uma cadeia de insumos e fornecedores locais, o que promove o consumo. Na linguagem coloquial, é aquela empresa em que os donos "mandam na cidade". No caso de ela se instalar em outro local, isso alteraria toda a dinâmica econômica da região. Por exemplo: no município de 12 mil habitantes onde um senhor mora existe uma indústria de capacetes que emprega a população local. Ela tem sede no munícipio e, desde sua instalação, a quantidade de venda de motocicletas aumentou. Consequentemente, a venda de capacetes também subiu. Nas redondezas do distrito industrial, instalaram-se algumas empresas que fornecem matérias-primas e peças para a indústria principal. Esse é um exemplo do espaço econômico descrito por Perroux.

O espaço econômico definido como um campo de forças ou relações funcionais é o espaço que gera forças centrípetas e centrífugas, como ilustrado na Figura 3.4.

Figura 3.4 – Forças centrípetas e centrífugas

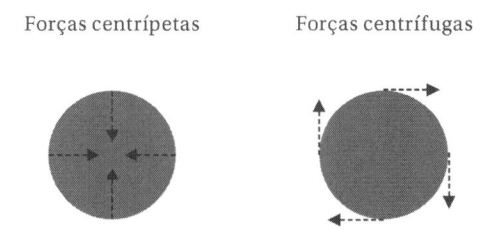

As **forças centrípetas** são forças que puxam para o centro. A atração para o centro pode ser representada por uma empresa, firma ou indústria que atrai fatores de produção e gera uma relação funcional entre as partes. As **forças centrífugas** são forças contrárias às forças centrípetas e repulsam as forças do espaço econômico.

O terceiro tipo de espaço econômico consiste em um agregado homogêneo, que "pode estar representado por todas as firmas com estruturas simulares de produção" (Vargas, 1985, p. 8).

Como já citamos, o polo de crescimento surge de uma unidade motriz (como chama Perroux), que pode ser uma unidade simples ou complexa. Ela pode ser representada por uma empresa ou uma indústria em especial (ou a combinação de ambas) e exercer atração sobre as demais.

Para Perroux, a indústria motriz não é qualquer indústria. Ela deveria ter algumas características para ser considerada como tal. A primeira delas é **ser de grande porte**. Isso significa que a produção é tão significativa que uma decisão dos gestores da empresa pode impactar a região na qual ela está localizada.

Podemos pensar no seguinte caso: O que ocorreria se a Petrobrás saísse de Araucária (região metropolitana de Curitiba) ou se a Fiat saísse de Betim, região metropolitana de Belo Horizonte? Contrariamente, o que ocorreria se a fábrica de doces com cinco funcionários de uma cidade pequena no interior fechasse as portas? Vale destacar que o porte da indústria não é medido apenas pelo número de funcionários, mas esse dado ajuda a dimensionar o impacto da indústria na região.

A segunda característica para uma indústria ser considerada motriz consiste em **apresentar uma taxa de crescimento superior à média regional**. Os indicadores, como o faturamento da empresa, servem para analisar o crescimento e a classificação de uma indústria, para ser possível afirmar se ela é ou não motriz no polo de crescimento.

A terceira característica é a **forte interdependência técnica com outras indústrias**, formando um complexo industrial. Os efeitos técnicos podem ser analisados pela formação de ligações industriais para frente (*forward linkages*) e para trás (*backward linkages*), que ajudam na formação de empresas satélites que "orbitam" em torno das necessidades da indústria motriz. Vargas (1985) destaca que os efeitos técnicos para frente são, em geral, menos relevantes do que os efeitos técnicos para trás. Isso se justifica pelo fato de que as empresas para trás (empresas não primárias) fornecem insumos à indústria motriz.

> **Importante!**
>
> O efeito técnico não garante a implantação de novas indústrias, pois para isso há a necessidade de escala mínima, o que depende do fator econômico e tecnológico.

Outro dado interessante é que o efeito da aglomeração ocorre se há uma redução de custos, ocasionada por economia de escala, espalhando-se pela região e "gerando uma cadeia de lucros acrescidos e a consequentemente expansão dos investimentos" (Vargas, 1985, p. 10).

O efeito dos transportes também influencia na estrutura da produção das indústrias. O Capítulo 6 desta obra é dedicado exclusivamente a essa questão na perspectiva brasileira nos tempos atuais.

Por fim, o aparecimento de polos de crescimento pode ser espontâneo ou planejado. Os que surgem naturalmente são aqueles que apresentam características essenciais para serem polos de crescimento. Nesse caso se enquadram alguns centros administrativos (como Brasília), turísticos ou industriais especializados que exercem atividades de caráter regional. Outra questão é que não necessariamente o fato de ser um polo de crescimento implica ser um centro urbano, porém, em virtude das "economias de aglomeração e urbanização, pode vir a funcionar como um polo". Por outro lado, "a implantação de um polo de crescimento através da instalação de indústrias pode propiciar a formação de novas cidades" (Vargas, 1985, p. 18).

A teoria dos polos de crescimento influenciou políticas de desenvolvimento urbano e regional em países como Irlanda, França, Venezuela, Turquia e Brasil. No caso brasileiro, conforme Vargas (1985, p. 40) os polos de crescimento "foram utilizados como instrumentos que auxiliavam na descrição da realidade e não como agentes dinamizadores do desenvolvimento regional". Nesse sentido, "realizavam-se apenas diagnósticos regionais onde certos efeitos polarizadores eram identificados e onde os centros urbanos recebiam destaque especial" (Vargas, 1985, p. 41). Entre esses instrumentos usados podemos citar:

» Criação de Brasília: apesar da promoção política e também da visão geopolítica predominante, o fato teve grande contribuição na "ampliação" do espaço econômico.
» Criação da Superintendência do Desenvolvimento do Nordeste (Sudene), em 1959: a princípio era apenas para "avaliar" a realidade do Nordeste. Entretanto, a partir de 1972, com influência da teoria da polarização, o I Plano Nacional de Desenvolvimento (PND) previa a criação de polos regionais e descentralização econômica por meio do incentivo da criação de indústrias no Nordeste e na Amazônia. Além da Sudene, foi criada a Superintendência do Desenvolvimento da Amazônia (Sudam). Com a chegada do II PDN, em 1974, foi fomentado o núcleo industrializado do Centro-Sul, voltado para a Amazônia e o Centro-Oeste.
» Por fim, a noção de indústria motriz pode ser também implantada por um processo de dinamização das estruturas regionais que levam à industrialização propriamente dita, como é o caso da Zona Franca de Manaus.

Síntese

Neste capítulo, abordamos questões diversas relacionadas à geografia industrial. Apresentamos e discutimos algumas teorias de localização que se encontram entre as abordagens clássicas nos estudos dessa área. Em especial, vimos a teoria de polos de crescimento, que foi implantada em diferentes países para o desenvolvimento regional por meio do incentivo industrial. A teoria de localização industrial, que trata dos princípios que são regidos na escolha do local para iniciar as atividades industriais, ainda é útil. Apesar de hoje haver mais variáveis que influenciam nessa decisão, como fatores de qualidade de mão de obra, incentivos fiscais, perfil da população local e estrutura da fábrica no circuito nacional (e muitas vezes internacional), a teoria de localização industrial é relevante no contexto atual.

Indicações culturais

Filme

PIRATAS da Informática. Direção: Martyn Burke. EUA, 1999. 97 min.

O filme enfoca o centro tecnológico mais famoso no mundo, o Vale do Silício. Apesar de não tratar diretamente da industrialização, ele mostra impacto das tecnologias na vida da sociedade moderna. Vale a pena ver o filme e estudar sobre a Indústria 4.0, que muitos autores já estão considerando como uma nova fase da Revolução Industrial, ou seja, uma realidade mais próxima do que em geral se imagina.

Atividades de autoavaliação

1. Com relação às abordagens da geografia industrial, é correto afirmar:
    I. Johann Von Thünen elaborou um modelo baseado na teoria do Estado isolado, sem considerar as relações internacionais de comércio exterior.

II. A explicação de Von Thünen é que em cada círculo fictício traçado em sua teoria será desenvolvido um tipo de produto agrícola. Além disso, sua localização está condicionada ao tipo do produto produzido e à distância do centro da cidade.

III. Entre os fatores de localização industrial, os incentivos fiscais e a pirâmide populacional são relevantes na escolha do terreno.

É(são) correta(s) a(s) afirmativa(s):

a) I, II e III.
b) I e III.
c) I, apenas.
d) III, apenas.

2. Leia a citação a seguir:

> A localização de uma agroindústria pode ser influenciada pelo mercado ou pela proximidade da origem das matérias-primas, clientes, dependendo da soma minimizada dos custos de acumulação e de distribuição (Donda Júnior, 2002, p. 12).

Agora, considerando as teorias apresentadas no capítulo, selecione a alternativa que apresenta o autor da teoria que faz referência à distribuição dos cultivos agropecuários de acordo com o tipo de produção agrícola, a distância e o preço da terra:

a) Alfred Weber.
b) Walter Christaller.
c) Paul Vidal de La Blache.
d) Johann Von Thünen.

3. Com relação ao modelo weberiano, analise as afirmativas a seguir:
   I. O modelo considera o tipo de produção agrícola, a distância e o preço da terra de acordo com a distância em relação ao centro da cidade.
   II. Weber considera que a distribuição dos recursos é homogênea.
   III. O modelo weberiano considera como fatores de localização da atividade industrial o peso das matérias e a distância em relação aos mercados consumidores.
   IV. Diferentemente de Thünen e Christaller, Weber entende que a distribuição dos recursos é heterogênea.

   São corretas as afirmativas:
   a) III e IV.
   b) II e III.
   c) I e II.
   d) I e III.

4. Selecione a alternativa correta sobre a teoria dos lugares centrais de Walter Christaller:
   a) A teoria de Christaller trata da hierarquia urbana, deixando claro o papel da cidade e da metrópole. O espaço rural é visto como dinâmico por ser o alimentador dos fluxos para a cidade.
   b) Pela análise de Christaller, São Paulo teria uma influência maior do que a cidade de Presidente Prudente por ser maior e por ter sua área de influência abrangendo cidades localizadas fora do Estado de São Paulo.

c) Christaller criou um modelo idêntico ao modelo de Weber, considerando em seu modelo barreiras para o transporte de mercadorias e matérias-primas.

d) Para Christaller, os custos de transporte são homogêneos e o mercado é uniforme porque a distribuição de produtos e serviços ocorre de maneira homogênea no espaço geográfico.

5. Relacione cada teórico às principais características dos modelos que foram por eles elaborados.

1. Alfred Weber
2. Walter Christaller

( ) Desenvolveu a teoria dos lugares centrais.
( ) Desenvolveu a teoria da localização industrial.
( ) Considerou que a localização das fontes de matérias-primas e do mercado consumidor influencia na localização da atividade industrial.
( ) Elaborou conceitos como centralidade e hierarquia, que compõem os alicerces de sua teoria.

Agora, assinale a alternativa que indica a sequência correta:
a) 1, 1, 2, 1.
b) 2, 2, 1, 1.
c) 1, 2, 1, 2.
d) 2, 1, 1, 2.

Atividades de aprendizagem

Questões para reflexão

1. Analise os princípios básicos (as premissas) para o funcionamento do modelo simplificado de Johann Von Thünen e reflita acerca do que não faz mais sentido para a organização espacial atual.

2. Se você fosse contratado para escolher um terreno para a instalação de uma fábrica de doces artesanais, quais seriam seus critérios? Justifique sua resposta.

Atividades aplicadas: prática

1. Assista ao filme *Coco antes de Chanel* e analise como a Primeira Guerra Mundial contribuiu para a expansão da indústria da moda. Fique atento às seguintes questões:
   » Como as mulheres se vestiam na época antes da guerra?
   » A guerra foi a virada para roupas femininas mais práticas. Que fato levou a essa situação?
   » Qual fator surgido após a guerra que ajudou na expansão da indústria da moda?
   » De que forma esse arranjo da indústria da moda se mantém até hoje? É regido pelos mesmos princípios?
   » A teoria de localização industrial se aplica a esse caso?

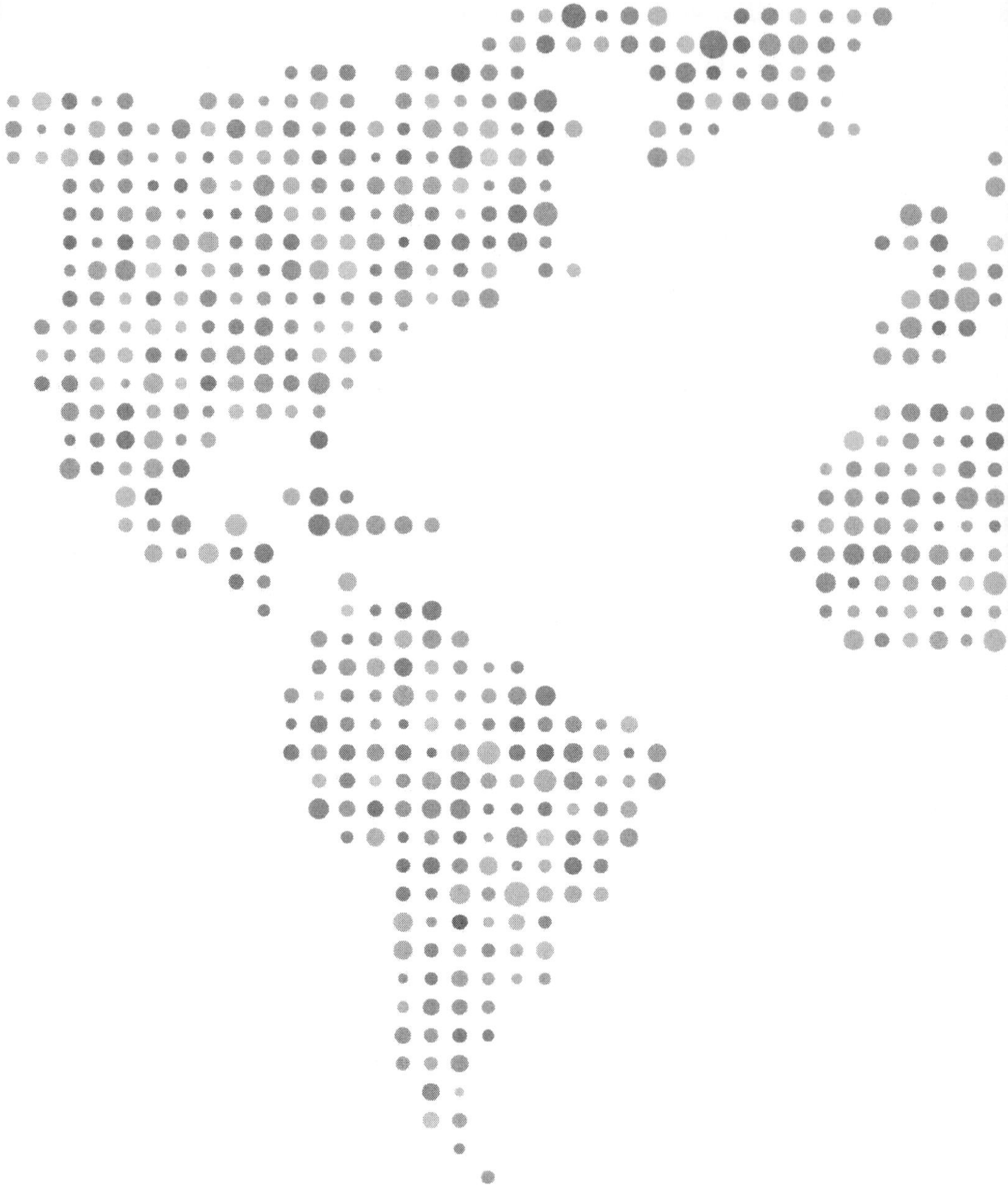

4
Fatores de localização e as perspectivas da geografia industrial

No capítulo anterior, tratamos de algumas das abordagens clássicas nos estudos de geografia industrial. Aqui nos concentraremos nos fatores que influenciam na localização da atividade industrial. Em seguida, nosso foco serão as perspectivas mais recentes, abrangendo temas como globalização, *global production networks*, *global value chains* e *upgrading* industrial.

4.1 Fatores de localização industrial: clássicos e contemporâneos

O estudo da localização da atividade industrial não é uma atividade realizada apenas por governos e instituições. Empresas dos mais variados portes e origens devem pensar sobre a localização de suas atividades, seja pela posição estratégica que deverão ocupar no espaço geográfico, seja pela busca de vantagens locacionais e competitivas que permitirão maior lucratividade ou redução de custos.

Preste atenção!

A posição estratégica refere-se simplesmente à localização geográfica privilegiada no espaço geográfico como fator importante. Não temos, nesta obra, a intenção de tratar o tema com maior grau de complexidade.

Para determinadas indústrias, a proximidade em relação às matérias-primas é fator fundamental para o sucesso do empreendimento. Em atividades que envolvem a mineração e a siderurgia, por exemplo, não é recomendável que a fábrica se instale muito distante das fontes de matérias-primas. Nesse caso, os custos de transporte seriam muito elevados, tornando a atividade inviável.

Para outras atividades, a proximidade da fábrica em relação ao mercado consumidor pode ser mais importante do que a proximidade em relação às fontes de matérias-primas. É justamente esse desafio de encontrar uma localidade ótima que muitas vezes leva as indústrias ou empresas a buscar, de um lado, lugares que apresentem os fatores locacionais desejados e, do outro, lugares que ofertem os melhores benefícios ou vantagens econômicas ao negócio.

Entre os fatores clássicos de localização podemos considerar:

» capital;
» energia;
» mão de obra;
» matérias-primas;
» mercado consumidor;
» rede de transportes e de comunicação.

Preste atenção!

Não se pode confundir capital com dinheiro. **Capital** é um processo, é dinheiro investido de uma maneira que possa produzir outros bens e serviços. O capital pode ser representado por investimentos em máquinas, equipamentos e infraestrutura. É também por meio do capital que se colocam em movimento a força de trabalho e os meios de produção.

A combinação ideal entre os interesses do capital e as competências e recursos existentes nos lugares é que permite o surgimento do acoplamento estratégico, uma união harmônica e ideal envolvendo empresas e territórios.

A **energia** é outro fator importante na escolha da localização da atividade industrial. No início da Revolução Industrial, o carvão era uma das principais fontes de energia utilizadas pela indústria, porém, além de ser uma fonte de energia não renovável, é altamente poluente. No Brasil, a matriz energética é predominantemente baseada em hidrelétricas. A Itaipu Binacional, localizada em Foz do Iguaçu, no Paraná, é um exemplo importante de empresa geradora de energia para o território brasileiro (Figura 4.1).

Figura 4.1 – Itaipu Binacional

Samuel Kochhan/Shutterstock

A **mão de obra** é fator igualmente importante. Aqui, não é suficiente pensar apenas na quantidade de indivíduos ou trabalhadores disponíveis em determinado lugar. Para exercer um tipo de atividade em certas indústrias, são necessárias competências e habilidades específicas, *know-how*, o saber fazer. Além disso, o valor a ser pago em salários, benefícios e com seguridade social precisa ser contabilizado. Para muitas empresas, esse é um dos fatores de localização que exercem maior peso na tomada de decisões para se escolher entre uma localidade ou outra.

A **matéria-prima** é um fator que já teve muito mais importância na economia mundial. Atualmente, com as inovações realizadas nos setores de transportes e de comunicações, sua importância se tornou relativamente minimizada. Contudo, em setores que exercem atividades relacionadas a *commodities* agrícolas e, sobretudo, minerais, a matéria-prima geralmente exerce significativa força de atração para que a indústria se instale em determinados lugares.

Esse é o caso, por exemplo, da extração de minério de ferro (Figura 4.2). Localizada no Estado do Pará (Brasil), a Vale S.A. é um exemplo interessante para se compreender como as atividades relacionadas à mineração requerem que a indústria se instale em uma região relativamente próxima das fontes de matérias-primas.

Figura 4.2 – Extração de minério de ferro no Estado do Pará

O fator **mercado consumidor** geralmente está associado à demanda dos indivíduos em determinado lugar. Muitas vezes, a população de uma localidade é considerada como um elemento que representa a demanda por determinados produtos. Porém, como sabemos, os indivíduos possuem rendas e gostos diferentes. Por isso, a população é apenas um dado inicial para se pensar no mercado consumidor e na demanda por determinados produtos.

Muitas fábricas se instalam justamente onde há mercado consumidor para seus produtos. Entretanto, isso não é uma regra imutável ou que não permita flexibilizações. Dependendo do tipo de produto, a produção pode ocorrer em lugares distintos do local em que ocorrerá a aquisição por parte do consumidor final. Os automóveis são exemplos de produtos que geralmente são produzidos nos locais em que há demanda ou mercado consumidor. Contudo, isso não é uma regra. Outras variáveis estão presentes na análise quando se consideram, por exemplo, a renda dos consumidores, gostos ou desejos de consumo ou, ainda, acordos comerciais entre nações e empresas.

Já as **redes de transportes e de comunicação** sempre tiveram relevância na localização e realização das atividades econômicas, mesmo antes do início da Revolução Industrial. Mas, em tempos de globalização, esses fatores se tornaram ainda mais importantes. Na atualidade, a rapidez com que se deve superar a fricção da distância[i] depende muito da capacidade que os lugares ou regiões têm de desenvolver redes sofisticadas e robustas nos setores de transportes e de comunicações.

Por isso, portos, aeroportos, rodovias, ferrovias, hidrovias etc. precisam ser criados, manutenidos e/ou ampliados. Como exemplos podem citar o Porto de Santos, em São Paulo, ou ainda o Porto de Paranaguá (Figura 4.3), no Paraná. Com vista a ampliar sua capacidade e área de influência, o Porto de Paranaguá sofreu várias transformações ao longo das últimas décadas. Segundo a Administração dos Portos de Paranaguá e Antonina (Appa), entre

---

i. A literatura inglesa geralmente apresenta o conceito de *friction of distance* em referência aos impactos da distância nas atividades econômicas e no cotidiano dos indivíduos e agentes econômicos de modo geral.

as principais cargas movimentadas em Paranaguá estão: soja, farelo, milho, sal, açúcar, fertilizantes, contêineres, congelados, derivados de petróleo, álcool e veículos (Paraná, 2018).

Figura 4.3 – Porto de Paranaguá, localizado no Estado do Paraná

ziviani/Shutterstock

Abordagens mais contemporâneas ressaltam a importância de outros fatores envolvidos na dinâmica de localização das atividades econômicas e, em particular, da atividade industrial. Entre esses fatores ditos contemporâneos, podemos citar:

» tecnologias avançadas nos setores de transportes e de comunicações (por exemplo: internet por fibra ótica);
» energias limpas (por exemplo: eólica, solar);
» incentivos fiscais governamentais;
» leis trabalhistas brandas e sindicatos flexíveis;
» cultura empreendedora do lugar;
» economias de aglomeração;
» presença de distritos industriais;
» instituições de ensino e pesquisa, tais como universidades, centros de formação profissional e técnica, institutos de ciência e tecnologia.

Portanto, os fatores que influenciam na localização da atividade industrial podem variar muito dependendo do tipo de indústria ou até mesmo de motivações pessoais dos empresários. Além disso, há que se considerar que a indústria não está vinculada apenas à atividade manufatureira *per se*. Discutimos isso no primeiro capítulo deste livro. Os contextos espaciais, temporais, socioeconômicos e tecnológicos precisam ser inseridos na análise que trata dos fatores contemporâneos de localização da atividade industrial.

Considerando esses contextos, Malmberg (1994, p. 532, tradução nossa) afirma que a localização da atividade econômica "não deve ser analisada de forma isolada, sem considerar os processos de transformação que ocorrem nos sistemas de produção, nas instituições e nos mercados". Segundo o autor,

> a maioria dos estudos empíricos em geografia econômica geralmente assume uma das duas formas. Assim, em muitos casos, o foco da análise é um tipo específico de atividade econômica, seja um ramo industrial, um sistema de produção funcionalmente integrado ou uma determinada categoria de empresas (por exemplo, pequenas empresas). Alternativamente, a principal preocupação é a reestruturação geral da economia em um determinado território (uma localidade, uma cidade, um distrito, uma região). Em ambos os casos, o que está sendo analisado é o impacto de processos como mudança tecnológica, organizacional ou institucional (Malmberg, 1994, p. 532, tradução nossa).

Discutindo diferentes trabalhos em torno da indústria automobilista, Malmberg ressalta a importância das transformações ocorridas na organização dos sistemas de produção, referindo-se à mudança do sistema fordista para o regime de produção flexível ou toyotista. Nesse contexto, são apresentados os exemplos de *lean production* (produção enxuta) e de produção *just-in-time* (JIT) e *kanban*. Vamos dedicar algumas linhas para tratar dos conceitos de *just-in-time* e **produção enxuta**.

O *just-in-time* surgiu na década de 1960 como resultado de inovações realizadas nos sistemas de produção japonês. Além de ser um sistema de produção bastante utilizado nas corporações atualmente, o *just-in-time* é uma forma de gestão da empresa que envolve não apenas a produção, mas também a distribuição e o consumo.

O *just-in-time* pode estar inserido no sistema de produção de uma empresa que aceita pedidos ou encomendas por meio do aplicativo de um celular, como sugere a Figura 4.4. A partir da demanda ou solicitação, momento em que ocorre a aquisição de uma mercadoria via aplicativo do celular, uma série de fases pode ser desencadeada, articulando produção, distribuição e consumo.

Figura 4.4 – *Just-in-time* em operação com o auxílio de computadores e celulares

Wright Studio/Shutterstock

O dicionário Oxford (Just-in-time, 2018, tradução nossa), define *just-in-time* como "um sistema de produção no qual os materiais são entregues imediatamente antes do uso, para evitar custos com estoque". Analisando o Sistema Toyota de Produção, Ghinato (1995, p. 170) afirma que, "operacionalmente, JIT significa que cada processo deve ser suprido com os itens e quantidades certas, no tempo e lugar certo".

Já Motta, citado por Ghinato (1995, p. 171), considera o *just-in-time* como "uma técnica que se utiliza de várias normas e regras para modificar o ambiente produtivo, isto é, uma técnica de gerenciamento". Nesse sistema de produção ou de gerenciamento, o objetivo consiste em produzir somente o necessário, na quantidade demandada e no tempo certo.

O sistema *just-in-time* de certa forma está relacionado com as cadeias de produção. Isso não quer dizer que o sistema se limite apenas à cadeia de produção propriamente dita; ele certamente extrapola os limites da fábrica. Ele não apenas impacta a dinâmica estrutural e operacional de fábricas e empresas, mas também envolve diferentes atividades econômicas e lugares ao mesmo tempo.

A relevância desse sistema é discutida porque o *just-in-time* apresenta relação com dois outros sistemas importantes, o sistema de transportes e o de comunicação. A seguir, propomos a leitura de um estudo de caso, no qual deixamos implícita a ideia de que existe uma relação envolvendo indústria, transportes e comunicação.

Estudo de caso

Vamos considerar o seguinte cenário hipotético: no ano de 2028, uma empresa denominada **X Produções**, adepta do sistema *just-in-time*, necessita que certos insumos e matérias-primas estejam presentes na linha de produção exatamente às 7h da manhã do dia 3 de fevereiro de 2028. Agora, considere que hoje é 2 de fevereiro de 2028, 7h da manhã.

A empresa parceira e fornecedora desses insumos e matérias-primas é a **Y Fornecedores**. Nesse cenário, a Y Fornecedores terá apenas um dia ou 24 horas para providenciar os recursos solicitados para que a produção ocorra no momento certo e na quantidade demandada, sem gerar atrasos na X Produções.

Para que isso ocorra, a empresa parceira Y Fornecedores deve estar preparada para solicitações no curto prazo e deve ser capaz de mobilizar pessoas, recursos e tecnologias para atender a X Produções no prazo estipulado. Obviamente, aqui as relações espaciais fora do espaço organizacional da empresa X Produções se tornam evidentes e relevantes. Assim, algumas questões se tornam fundamentais e precisam ser respondidas tendo em vista a geografia econômica e industrial.

Como a Y Fornecedores será contatada para atender à demanda da X Produções no curtíssimo prazo? De onde a Y Fornecedores obtém os insumos e as matérias-primas que serão posteriormente fornecidos à X produções? Ela mesma os produz? Os insumos são provenientes de outros lugares? Quais? Esses insumos e matérias-primas ainda precisam ser extraídos diretamente da natureza (como no caso do minério de ferro) ou já se encontram disponíveis para entrega à X Produções? Na movimentação dos insumos e matérias-primas de um lugar ao outro haverá um custo de transporte? De quanto será esse custo? Que tipo de transporte será utilizado? E quais são os fatores que influenciam nesses custos de transporte?

Perceba que, nesse cenário, o *just-in-time* não se limita apenas ao espaço organizacional da cadeia ou linha de produção localizada dentro da fábrica ou empresa. Na medida em que valorizamos a dimensão espacial na análise e identificamos as relações estabelecidas no espaço, podemos perceber e compreender como diferentes lugares e agentes participam desses processos e como as empresas estão inseridas em contextos socioespaciais mais amplos.

Pedimos que, após a leitura deste estudo de caso, você identifique elementos que permitam a reflexão sobre os processos envolvidos em cada fase, buscando responder às questões propostas. Você pode conceber e descrever um cenário em que cada fase implica tomada de decisões específicas e pontuais, mas que poderão afetar todo o processo e também a qualidade do serviço prestado à X Produções.

Como não definimos aqui o tipo de insumos e matérias-primas a serem entregues pela Y Fornecedores à X Produções, você está livre para realizar essa escolha. Porém, esteja ciente de que sua escolha terá implicações em todas as demais fases do processo envolvido na relação entre a X Produções e a Y Fornecedores. Em outras palavras, você deve exercer sua criatividade para solucionar o estudo de caso.

4.2 Sistemas de produção, *global value chains* e *upgrading* industrial

Vamos tratar inicialmente da noção de **sistemas de produção**[ii]. Uma perspectiva geográfica interessante para se pensar nos sistemas de produção deve levar em consideração a relação existente entre firmas, sistemas industriais e, obviamente, territórios. Essa é a proposta apresentada por Dicken e Malmberg (2001) no artigo intitulado *Firms in Territories: a Relational Perspective.* Ao longo desta seção, você vai perceber que as ideias propostas por esses autores são pertinentes e propiciam uma visão sistêmica desse assunto.

De modo a construir e articular o repertório teórico-conceitual sobre a relação firma-território, Dicken e Malmberg partem de uma crítica às formas como as relações entre as atividades econômicas e os territórios têm sido abordadas na geografia econômica, na geografia industrial e em áreas afins. Os autores entendem que essas abordagens geralmente são muito simplistas e, muitas vezes, fracamente conceitualizadas.

Considerando bastante relevante o papel do lugar e do espaço nas transformações que ocorrem em firmas e indústrias, Dicken e Malmberg buscam examinar essas relações ou interconexões entre firmas e territórios por meio da análise das relações entre

---

ii. Esta seção do livro que trata especificamente dos sistemas de produção é baseada na análise do artigo *"Firms in Territories: a Relational Perspective"*, de Peter Dicken e Anders Malmberg, publicado no periódico *Economic Geography*, em 2001. Na ocasião da publicação desse artigo, Dicken era professor da Escola de Geografia da Universidade de Manchester, na Inglaterra, e Malmberg era professor do Departamento de Geografia Econômica e Social da Universidade de Uppsala, na Suécia.

três principais dimensões: firmas, sistemas industriais e territórios, integrados na macrodimensão dos sistemas de governança.

Os autores defendem a ideia de que é necessário estabelecer como ponto de partida em análises de geografia econômica e industrial aquilo que se entende por **sistemas industriais**, como eles são estruturados e compostos, quais são as relações envolvidas e como esses sistemas transformam (e são transformados) pelos contextos sociais, econômicos, institucionais e espaciais em que inseridos.

Dicken e Malmberg ainda defendem a ideia de que, para compreender os sistemas industriais, é necessário reconhecer inicialmente que cada atividade econômica é conectada a uma **rede de relações** com outras atividades econômicas. Assim, os autores apontam para a necessidade de se partir de um repertório teórico-conceitual que compreenda não somente a organização e a dinâmica interna das firmas, mas também a complexidade da rede de relações que envolvem os mais diversos tipos de firmas (suas origens, comportamentos e objetivos) e as instituições inseridas em um mesmo sistema. Na perspectiva dos autores, todos esses elementos que compõem o sistema são territorializados.

Importante!

Na discussão sobre a noção de que firmas são essencialmente redes dentro de redes, os autores buscam enfatizar a ideia de que as firmas não são agentes econômicos independentes. Elas atuam como instituições que são organizadas e que muitas vezes exercem suas atividades em territórios com contextos sociais, políticos, econômicos, culturais etc. distintos.

Outro aspecto relacionado a esse argumento diz respeito ao fato de que os autores parecem combinar ou mesmo misturar a noção de sistema com aquela de rede. É exatamente nesse contexto que as ideias (em particular, de Dicken) começam a ficar mais nítidas, pois, na concepção desse autor, a noção de rede parece ser mais adequada do que a noção de sistema. Em 2002, juntamente com outros acadêmicos da Escola de Manchester, Dicken organizou e desenvolveu as chamadas **redes globais de produção**, que representam outra perspectiva teórico-conceitual e metodológica proposta por Dicken e seus colaboradores.

De modo geral, Dicken e Malmberg apoiam-se em vários conceitos, entre eles os de indústria e firma, além de outros que são mais relacionados à literatura que trata da gestão de negócios e da economia, tais como o conceito de inovação, que geralmente é utilizado segundo a perspectiva schumpeteriana. Contudo, três conceitos principais podem ser destacados, sendo utilizados de forma relacionada no texto dos autores, a saber: região, aglomeração e território.

O conceito de **região** é discutido de maneira implícita na primeira parte do texto (*Conceptualizing Firm-Territory Relationships*) e aparece de forma relacionada ao conceito de território. Nesse sentido, os autores se apoiam na noção de território utilizada por Storper and Walker (1989), que preferem considerar o território como região, levando em consideração principalmente o fato de que essa conceitualização permite adotar uma aproximação que não está confinada essencialmente à escala subnacional.

O conceito de **território** apresenta duas conotações principais na obra dos autores. De modo geral, a noção de território é tratada sob a perspectiva da firma e como resultado natural dos processos de organização desta, operando em um espaço geográfico (em vez de fazê-lo em uma área delimitada geograficamente). Assim, a noção de território empregada pelos autores condiz com aquela utilizada por Firkowski (2007), que considera o território como uma porção do espaço marcado pela presença da firma.

Em outra parte da argumentação, Dicken e Malmberg (2001) retomam brevemente a análise do conceito de território, porém, desta vez, o fazem de forma a situá-lo como uma área delimitada geográfica e politicamente. Nesse contexto, os autores reconhecem que atualmente os territórios (e, portanto, os Estados ou países) encontram-se em constante tensão com as firmas, de modo a mantê-las dentro de sua jurisdição e assegurar os investimentos necessários para o crescimento econômico.

Além disso, os autores reconhecem que a competição entre Estados ou países faz com que seus limites e fronteiras se tornem cada vez mais permeáveis. Porém, ressaltam que, embora essa seja a realidade, os territórios continuam atuando como contêineres que apresentam práticas socioculturais e instituições regulatórias distintas.

Quando se referem ao conceito de **aglomeração**, Dicken e Malmberg tratam do caráter territorial que o agrupamento de firmas tem. Aqui se observa uma valorização das vantagens específicas de que determinados territórios ou aglomerações dispõem em relação a outros. Tais vantagens podem ser visualizadas no espaço através da distribuição desigual dos fatores de produção, dos recursos, do conhecimento e da capacidade organizativa e tecnológica entre os territórios, o que tende a enfatizar o papel do local nesse contexto. Os autores exploram essas diferenças entre territórios de forma a apresentá-las como fatores que influenciam na capacidade de competição e de inovação de determinadas aglomerações.

Entre os diversos exemplos que os autores utilizam para demonstrar o aspecto territorial que confere às aglomerações a capacidade que elas têm de inovarem e serem competitivas estão o mercado de trabalho e a rede de relações entre fornecedores e compradores. Quanto ao mercado de trabalho, há uma referência ao caráter de especificidade da mão de obra local, tendo em vista que o conhecimento e as competências tendem a permanecer intrínsecos às pessoas que os obtiveram, adquiriram ou desenvolveram.

Além disso, os autores ressaltam que os trabalhadores tendem a ser muito mais fixos em comparação aos capitais e às tecnologias, que geralmente possuem maior mobilidade. Por sua vez, as relações entre fornecedores e compradores são apresentadas como um elemento que facilita o processo de criação de novos produtos e tecnologias.

Dicken e Malmberg (2001) apoiam-se em Markusen (1996) para afirmar que as relações entre fornecedores e compradores são tradicionalmente mais fortes quando eles são locais em vez de internacionais. Entre os motivos que facilitam e garantem essa dinâmica está a confiança entre fornecedores e compradores de um mesmo território, bem como a língua falada entre eles.

A literatura relacionada à organização da firma também ocupa um espaço significativo no texto dos autores. Por um lado, eles argumentam que tal literatura pode ajudar a compreender melhor a relação firma-território, principalmente pelo fato de que ela busca entender exatamente as mudanças na organização interna e estrutural das firmas. Por outro lado os autores consideram que essa literatura apresenta uma visão muito dicotômica, inocente e simplista em relação ao caráter espacial das firmas e das formas como se relacionam com o território.

Nesse contexto, a análise geralmente se restringe à mera distinção entre competidores domésticos e estrangeiros ou, ainda, ao papel que as sedes e as filiais assumem na organização da firma.

A propósito, é considerando exatamente esse tipo de análise que os autores formulam suas críticas e propõem uma abordagem sistêmica no âmbito dos estudos de geografia econômica e industrial.

> **Importante!**
>
> Dicken e Malmberg (2001) deixam claro que as firmas apresentam um caráter espacial, no sentido de que em sua atuação se consideram a distância geográfica e a variação espacial da disponibilidade de recursos e oportunidades de negócios. Tal espacialidade pode ter (e muito frequentemente tem) uma manifestação territorial.

Firmas também apresentam uma escala territorial ou, ainda, uma área quase que delimitada de onde elas operam e exercem influência sobre os demais agentes e firmas. Essa área pode ser definida, por exemplo, pelo tamanho do mercado no qual elas vendem seus produtos, pela localização em que a unidade industrial está instalada, pela distância que os trabalhadores devem percorrer para buscar trabalho etc. Qualquer que seja a definição usada, os autores enfatizam que o território das firmas tem um caráter volátil, no sentido de que a competição faz com que elas penetrem no território de outras firmas de forma complexa e altamente contestável.

Quanto ao método, os autores oferecem um aparato rico de categorias analíticas a serem utilizadas nos estudos de geografia econômica e industrial. A estrutura analítica usada pelos autores, representada na Figura 4.5 (*the firm-territory nexus*), embora simples, principalmente pelo fato de considerar apenas três dimensões, apresenta ao menos quatro pontos de entrada importantes para a análise da localização, organização e distribuição das atividades econômicas no espaço, a saber: os sistemas industriais, os territórios, as firmas e os sistemas de governança.

Figura 4.5 – Nexo firma-território: uma estrutura esquemática

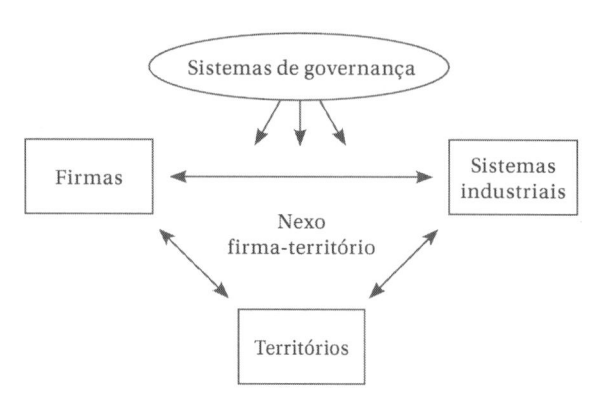

```
           Sistemas de governança
              ↙   ↓   ↘
  ┌───────┐              ┌──────────┐
  │Firmas │ ←──────────→ │ Sistemas │
  └───────┘     Nexo     │industriais│
      ↖   firma-território   ↗      └──────────┘
           ┌──────────┐
           │Territórios│
           └──────────┘
```

Fonte: Dicken; Malmberg, 2001, p. 347.

Por último, mas não menos importante, Dicken e Malmberg apoiam-se em diversas literaturas para fundamentar suas argumentações. Entre elas estão a teoria dos sistemas, as literaturas que tratam da administração e organização de negócios, além de outras mais relacionadas ao campo da sociologia econômica, da geografia industrial e da geografia econômica e regional.

Tal aproximação é perfeitamente compreensível, afinal, os autores buscam construir, como o próprio título do artigo publicado sugere, uma "perspectiva relacional". Trata-se de um repertório teórico-conceitual que seja capaz de compreender a complexidade das relações entre os mais diversos agentes (firmas, trabalhadores, instituições etc.) que atuam nos sistemas industriais, bem como nos territórios compreendidos por tais sistemas.

Tendo considerado a perspectiva proposta por Dicken e Malmberg, podemos agora avançar e tratar dos diferentes tipos de abordagens sistêmicas para a análise dos sistemas de produção, considerando-se principalmente o contexto da globalização.

As Figuras 4.6 e 4.7 mostram dois exemplos distintos de abordagens sistêmicas para a análise dos sistemas de produção nesse contexto. O primeiro, bastante sucinto, fornece uma visão simplificada dos sistemas de produção. Já o segundo modelo é um pouco mais complexo, com base na perspectiva da *global commodity chains*.

Figura 4.6 – Modelo simplificado de uma cadeia de produção

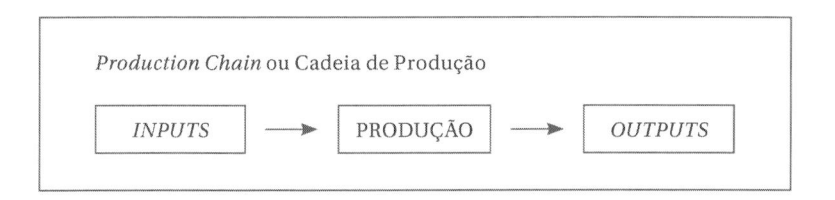

```
Production Chain ou Cadeia de Produção

INPUTS  →  PRODUÇÃO  →  OUTPUTS
```

Figura 4.7 – *Global commodity chains*

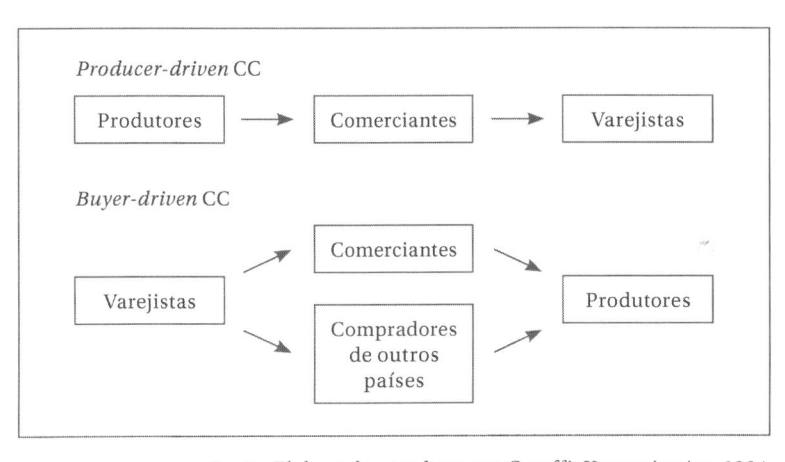

```
Producer-driven CC

Produtores  →  Comerciantes  →  Varejistas

Buyer-driven CC

              ↗ Comerciantes ↘
Varejistas                      Produtores
              ↘ Compradores  ↗
                de outros
                países
```

Fonte: Elaborado com base em Gereffi; Korzeniewicz, 1994.

Preste atenção!

Antes de darmos sequência à nossa análise, é importante deixarmos clara nossa concepção de globalização nesta obra. De maneira bastante sucinta, a **globalização** pode ser definida como um processo que envolve a produção, a distribuição e o consumo de mercadorias em escala global. É uma visão bastante economicista e talvez simplista, mas que nos permite reconhecer que as atividades econômicas geralmente envolvem e produzem diferentes lugares, colocando em movimento diversas classes sociais, empresas, governos, instituições etc.

Até a chamada *era da globalização*, a literatura dedicada aos temas e fenômenos relacionados aos sistemas de produção indicava ter sofrido forte influência dos estudos realizados na perspectiva das *commodity chains*. Obviamente, outras perspectivas alternativas tiveram papel relevante. Porém, é preciso destacar que, no contexto atual de globalização, a perspectiva das *commodity chains* passou a dar lugar a três novas correntes de pensamento, ou seja, três abordagens contemporâneas distintas, que podem ser bastante úteis nos estudos de geografia industrial. São elas: a **Global Commodity Chains (GCC)**, desenvolvida por Gereffi e Korzeniewicz (1994); a **Global Value Chains (GVC)**, também de autoria de Gereffi e seus colaboradores; e a perspectiva **Global Production Networks (GPN)**, aqui identificada simplesmente como **Redes Globais de Produção (RGP)**.

As origens dos modelos GCC, GVC e RGP têm forte relação com a teoria do sistema mundial, desenvolvida pelo sociólogo Immanuel Wallerstein na década de 1970. Apenas recentemente, contudo, por meio dos debates acadêmicos dedicados à análise do fenômeno da globalização econômica, é que seus respectivos repertórios teórico-conceituais e metodológicos foram estabelecidos e tornaram-se mundialmente conhecidos. No entanto, a difusão desses modelos pode ser considerada como seletiva em algumas áreas de conhecimento no Brasil, país em que eles se tornaram muito mais perceptíveis para os pesquisadores somente após a década de 2000.

A noção de cadeias globais de valor (CGV), ou *global value chains* (GVC), tem origem nas análises realizadas na perspectiva das cadeias de *commodities* e das cadeias globais de *commodities* (CGC). Cadeia global de valor (CGV) é um termo cunhado pelo sociólogo e economista Gary Gereffi (e seus colaboradores) e comumente aplicado em análises sistêmicas. Gereffi desenvolveu a CGV através do refinamento de um modelo criado por ele anteriormente, na década de 1990, o modelo da *Global Commodity Chains* (GCC).

Segundo Alves (2016, p. 33), "em uma CGV existe uma série de atividades que são necessárias para trazer um produto desde a sua concepção, design, adição de matérias-primas e insumos intermediários, marketing, distribuição e pós-venda, até a adequada disposição final de resíduos indesejados". A Figura 4.8 apresenta um exemplo simples de cadeia global de valor.

Figura 4.8 – Quatro *links* em uma simples cadeia global de valor[iii]

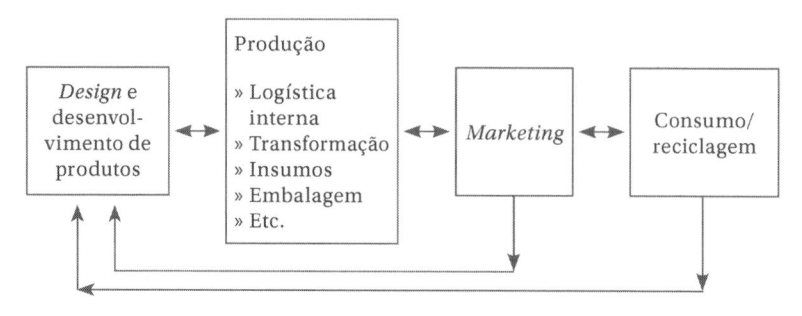

```
                    ┌─────────────────┐
                    │ Produção        │
┌──────────────┐    │ » Logística     │
│ Design e     │    │   interna       │    ┌───────────┐    ┌───────────┐
│ desenvol-    │◄──►│ » Transformação │◄──►│ Marketing │◄──►│ Consumo/  │
│ vimento de   │    │ » Insumos       │    │           │    │ reciclagem│
│ produtos     │    │ » Embalagem     │    └───────────┘    └───────────┘
└──────────────┘    │ » Etc.          │
                    └─────────────────┘
```

Fonte: Kaplinsky; Morris, 2001, p. 4, tradução nossa.

Como em outros modelos relacionados de análise, a CGV "é um modelo que reconhece que a produção *per se* é apenas uma etapa, em uma série de *links* onde o valor pode ser criado e agregado" (Alves, 2016, p. 33). Portanto, "Em cada uma dessas etapas, é possível encontrar oportunidades para criar e agregar valor ao produto, fazendo com que esse seja o maior objetivo a ser alcançado pelas empresas nos mais variados lugares em que essas atividades ou etapas ocorrem dentro de uma CGV" (Alves, 2016, p. 33).

A perspectiva da CGV tornou-se um modelo muito difuso na última década entre gestores, empresas, sindicatos, instituições de ensino etc. É, de fato, uma base ou abordagem analítica que permite reconhecer que diversos lugares e atores no âmbito de uma CGV têm importância na economia mundial.

Uma CGV apresenta três características fundamentais a serem destacadas dentro de uma indústria:

[iii]. A cadeia global de valor apresentada na Figura 4.8 contém quatro *links*: *design* e desenvolvimento de produtos, produção, *marketing* e consumo/reciclagem.

1) a geografia e os tipos de *links* entre as diversas atividades ou etapas realizadas no processo de agregação de valor; 2) como o poder é exercido e distribuído entre firmas e atores dentro da cadeia; e 3) o papel que as instituições desempenham na organização das relações de negócios e na localização das indústrias (Sturgeon; Gereffi, 2009, p. 4, tradução nossa).

No entanto, de acordo com Alves (2016, p. 34), enquanto a CGV oferece uma perspectiva alternativa bastante útil na busca de respostas para perguntas sobre a economia política das indústrias, sua contribuição para a análise do desenvolvimento econômico é muito criticada por alguns estudiosos, tais como Henderson et al. (2002) e Coe, Dicken e Hess (2008). Ao adotar a noção de **cadeia**,

> os críticos argumentam que o modelo da CGV possui uma visão muito linear e vertical dos sistemas de produção, o que acaba por obscurecer a complexidade de trajetórias e relações possíveis e a variedade de arranjos espaciais que extrapolam a limitada dimensão física e territorial das empresas. (Alves, 2016, p. 34)

Em consequência dessas críticas, outra perspectiva emergiu em 2002: a perspectiva das Redes Globais de Produção (RGP), cujo modelo (Figura 4.9) foi elaborado e desenvolvido por geógrafos e pesquisadores da Escola de Manchester, da Inglaterra. Segundo Alves (2016, p. 35),

> a criação e desenvolvimento deste modelo só foram possíveis após um extenso diálogo e análise crítica das proposições feitas inicialmente por Gereffi e

Korzeniewicz (1994), além de análises minuciosas de publicações posteriores realizadas na perspectiva da Global Commodity Chains (GCC) e da Global Value Chains (GVC). Assim, a construção do modelo das RGP foi influenciada por uma variedade de conceitos, autores e escolas de pensamento.

Figura 4.9 – Estrutura analítica para a análise de redes globais de produção[iv]

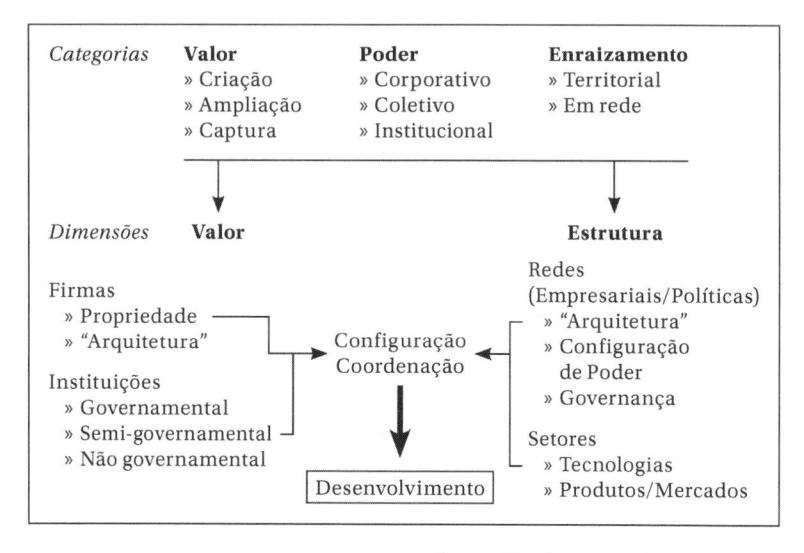

Categorias	Valor	Poder	Enraizamento
	» Criação	» Corporativo	» Territorial
	» Ampliação	» Coletivo	» Em rede
	» Captura	» Institucional	

Dimensões **Valor** **Estrutura**

Firmas
» Propriedade
» "Arquitetura"

Instituições
» Governamental
» Semi-governamental
» Não governamental

→ Configuração Coordenação ←

Redes (Empresariais/Políticas)
» "Arquitetura"
» Configuração de Poder
» Governança

Setores
» Tecnologias
» Produtos/Mercados

↓ Desenvolvimento

Fonte: Henderson et al., 2002, p. 448.

O conceito de **rede** é de particular interesse na análise de uma RGP porque evidencia "a natureza e estrutura relacional de como a produção, a distribuição e o consumo de bens e serviços

---

iv. A estrutura analítica para a análise das redes globais de produção é composta de categorias e dimensões. Três categorias são fundamentais: valor, poder e enraizamento. Entre as dimensões, destacam-se as firmas, as instituições, as redes e os setores. A sinergia e interação entre os agentes, a configuração das redes e os meandros que envolvem essas categorias e dimensões resultarão em múltiplas e distintas trajetórias de desenvolvimento.

são (e realmente sempre foram) organizados" (Coe; Dicken; Hess, 2008, p. 272, tradução nossa). Portanto, o modelo das RGP considera os prospectos para o desenvolvimento como um conjunto de processos relacionais que ocorrem dentro de redes localizadas em diferentes lugares e como resultado das ligações entre os mais diversos atores enraizados nessas redes. Conforme Coe et al. (2004, p. 469, tradução nossa) apontaram, "essas relações podem ocorrer com outras regiões dentro de um mesmo território, mas cada vez mais ocorrem em nível internacional".

Como vimos anteriormente, o conceito de rede se aplica também à estrutura interna e organizacional das firmas, pois elas são organizadas e hierarquizadas de acordo com as relações de poder e governança estabelecidas dentro das próprias estruturas organizacionais e nos diferentes territórios e mercados em que atuam. Nessa perspectiva, é possível considerar que firmas são, de fato, "redes dentro de redes" (Dicken; Malmberg, 2001).

Uma análise que faz uso do modelo proposto por Henderson, Dicken e outros buscaria identificar de que maneiras a participação das firmas locais nas RGP propicia ou cria oportunidades. Isso valeria, por exemplo, para o *upgrading* industrial, para a geração de valor e renda, para o desenvolvimento da rede local de fornecedores e para a melhoria de salários, condições de trabalho e desenvolvimento profissional dos trabalhadores.

A noção de **upgrading** é bastante difundida tanto na perspectiva das RGP como na das GCC e das GVC. Cabe ressaltar, porém, que, nesse contexto do *upgrading* em RGP, tornou-se significativa a discussão em torno da capacidade real das firmas locais de participar efetivamente dentro das RGP, ou seja, criando, agregando e capturando valor, uma vez que essa participação muitas vezes é influenciada e limitada pela capacidade que elas têm de superar as barreiras que existem dentro das redes.

Embora Gereffi (Gereffi; Korzeniewicz, 1994) não utilize explicitamente a perspectiva das RGP para discutir tais influências e limitações, enfatiza que essas são características de particular interesse, principalmente em setores industriais nos quais as empresas multinacionais desempenham um papel significativo no controle da produção, no *design* e no *marketing,* como no caso do setor automotivo. Gereffi denominou esse tipo de controle ou governança, dirigida por aquelas firmas que têm controle sobre o processo de produção das mercadorias, como *"producer-driven commodity chains"* (Gereffi; Korzeniewicz, 1994, p. 97).

De qualquer forma, outras "áreas ainda se encontram pouco desenvolvidas na literatura das RGP. Esse é caso, por exemplo, da análise do *upgrading* dos trabalhadores, considerada por vários autores como essencial para o desenvolvimento dos modelos das RPGs, GCCs e GVCs nos moldes em que foram inicialmente elaborados" (Alves, 2016, p. 37). Contudo, propostas recentes em torno dos conceitos de melhoria social têm tentado fazer progressos nessa área. É o que evidencia o trabalho de Barrientos, Gereffi e Rossi (2011).

No que concerne à difusão da perspectiva do *upgrading* industrial no Brasil, destacamos a tese de Alves (2016), que apresenta uma boa revisão de literatura sobre o tema e também perspectivas metodológicas para tratar da problemática envolvida no processo de mensuração do desempenho das indústrias na economia mundial.

Nos Capítulos 5 e 6 desta obra, veremos que a inserção de firmas e indústrias em trajetórias de *upgrading* industrial está diretamente relacionada a investimentos realizados em indústrias voltadas às exportações e também na rede de transportes, logística e comunicações.

Síntese

Neste capítulo, mostramos que novos fatores de localização surgiram e precisam ser considerados na atualidade, mas que isso não obscurece a importância que os fatores clássicos têm na escolha da localização da atividade industrial. Estes continuam desempenhando papel fundamental na localização industrial, inclusive na era da globalização. No âmbito deste último tema, o da globalização, analisamos abordagens e perspectivas contemporâneas que influenciam os estudos de geografia econômica ou industrial. Entre essas perspectivas, dedicamos particular atenção à *Global Production Networks*, à *Global Value Chains* e à perspectiva do *upgrading* industrial.

Indicações culturais

Tese de doutorado

ALVES, A. R. **A indústria automobilística nos países do Mercosul**: territórios, fluxos e upgrading industrial. 210 f. Tese (Doutorado em Geografia) – Universidade Federal do Paraná, Curitiba, 2016.

Nessa tese, o autor utiliza quatro variáveis distintas para mensurar o upgrading *industrial ou o desempenho das indústrias nacionais na economia mundial. Alves deixa claro que toda e qualquer abordagem ou metodologia escolhida para a realização de tal tarefa apresenta vantagens e limitações. Trata-se de um trabalho importante para quem deseja conhecer os estudos mais recentes realizados no âmbito da geografia industrial.*

Livro

PINTO, G. A. **A organização do trabalho no século XX**: taylorismo, fordismo e toyotismo. 3. ed. São Paulo: Expressão Popular, 2013.

O livro trata de três modelos distintos de produção: o taylorismo, o fordismo e o toyotismo. Ao mesmo tempo, o autor aborda questões relacionadas à exploração predatória do meio ambiente, à centralidade da categoria trabalho e à concentração de riquezas e poder. Como o próprio autor ressalta, o trabalho não corresponde apenas à simples troca da força de trabalho por um salário ou remuneração, mas envolve também toda uma rede de significados e relações que constituem a identidade dos indivíduos. Trata-se de uma obra que propicia a reflexão sobre o trabalho e sua organização no espaço geográfico.

Atividades de autoavaliação

1. Leia atentamente o texto a seguir.
   Trata-se de um conceito que se refere a um processo, a uma dinâmica, a dinheiro que é investido de uma maneira que possa produzir outros bens e serviços. Ele pode ser representado por investimentos em máquinas, equipamentos e infraestrutura. É também por meio dele que se colocam em movimento a força de trabalho e os meios de produção.
   Essa definição se refere ao conceito de:
   a) força de trabalho.
   b) *network*.
   c) capital.
   d) enraizamento.

2. Assinale a alternativa que apresenta as três categorias consideradas fundamentais para a análise de redes globais de produção:
   a) *Just-in-time, supply* e *value chains*.
   b) Valor, poder e enraizamento.
   c) Valor, instituições e *networks*.
   d) *Networks*, valor e *supply chains*.

3. Leia atentamente o texto a seguir.

   Nessa estrutura "existe uma série de atividades que são necessárias para trazer um produto desde a sua concepção, design, adição de matérias-primas e insumos intermediários, marketing, distribuição e pós-venda, até a adequada disposição final de resíduos indesejados" (Alves, 2016, p. 33).

   Agora, assinale a alternativa que indica corretamente o conceito considerado nessa citação:
   a) Cadeia global de valor.
   b) *Supply chains*.
   c) *Upgrading* industrial.
   d) Teoria do sistema-mundo.

4. Assinale a alternativa que apresenta apenas fatores clássicos de localização industrial:
   a) Leis trabalhistas brandas e sindicatos flexíveis.
   b) Internet por fibra ótica e energias limpas.
   c) Capital, energia, mão de obra, matérias-primas e mercado consumidor.
   d) Energias limpas, incentivos fiscais governamentais e instituições de ensino e pesquisa.

5. Leia atentamente o texto a seguir.

   Nesse sistema, os materiais são entregues imediatamente antes do uso, para evitar custos com estoque. Operacionalmente, isso implica afirmar que cada processo deve ser suprido com os itens e quantidades certas, no tempo e lugar certo.

   Esse texto se refere ao conceito de:

   a) fator de produção.
   b) *firm-territory nexus*.
   c) cadeia global de valor.
   d) *just-in-time*.

Atividades de aprendizagem

Questões para reflexão

1. Leia o texto a seguir.

   "Cadeia global de valor é um termo que passou a ser utilizado por profissionais, acadêmicos e organizações internacionais diante do aumento da fragmentação das diferentes etapas do ciclo produtivo de bens e serviços, em diferentes países. Ou seja, a linha que vai da criação de um produto até a entrega ao consumidor é realizada por uma rede global de empresas" (Zhang; Schimanski, 2014, p. 75).

   a) O texto acima faz referência a uma cadeia de valor que se limita à entrega do produto ao consumidor final. Agora, considere que, após o uso do produto, deve haver um descarte final adequado da embalagem e dos resíduos. Em sua opinião, essa etapa faz parte da cadeia de valor? Se sim, como as empresas podem gerar ou agregar valor ao se dedicarem a essa etapa que sucede o consumo?

b) Com relação à cadeia global de valor (CGV), reflita sobre como seu modelo pode auxiliar as empresas multinacionais a se tornarem mais competitivas na economia mundial a partir dos diferentes lugares em que atuam.

Atividade aplicada: prática

1. A análise de Johann Von Thünen ainda pode nos auxiliar na compreensão da localização da atividade agrícola na atualidade. Identifique na localidade onde você vive ou trabalha ou em áreas próximas se, e como, a teoria de Von Thünen ainda é aplicada e pode ser constatada pela análise dos diferentes cultivos agrícolas ou tipos de uso do solo.

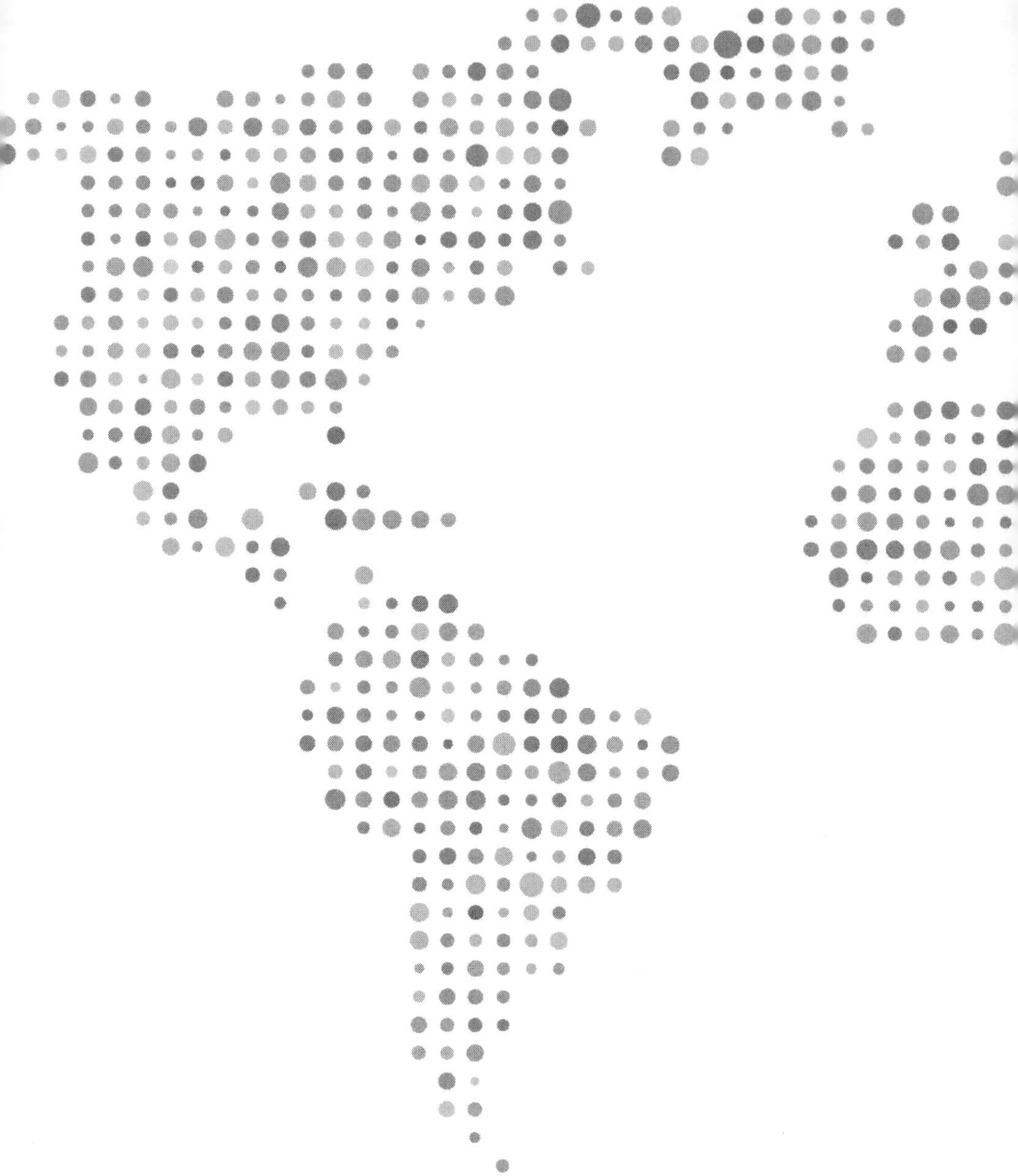

5 Tigres Asiáticos e China: indústria, comércio e crescimento liderado pelas exportações

Os Tigres Asiáticos são um conjunto de países que tiveram um crescimento econômico muito rápido em virtude da bem-sucedida política econômica aplicada, o que veremos na sequência. A denominação de Tigres Asiáticos é derivada de dois fatores: um econômico/administrativo e outro geográfico. O primeiro fator diz respeito ao uso do substantivo *tigre* motivado por uma comparação ao comportamento social desses felinos, que caracteriza uma estrutura social única. O hábitat natural dos tigres é a floresta, sendo eles considerados caçadores implacáveis, fortes e poderosos. O segundo fator refere-se à posição geográfica desses países, localizados no continente asiático. Desse modo, os Tigres Asiáticos têm esse nome em razão da agressividade do desenvolvimento industrial e econômico e da localização geográfica desses países.

Primeiramente, é importante destacar que são quatro os países chamados de Tigres Asiáticos: Hong Kong, Singapura, Coreia do Sul e Taiwan. A partir dos anos 2000, foi identificado o grupo dos Novos Tigres Asiáticos, que são: Indonésia, Vietnã, Malásia, Tailândia e Filipinas. Vale observar que a China, embora seja um país asiático, não é considerada um integrante desse grupo pela literatura acadêmica.

Como nosso interesse é a geografia industrial, destacamos neste capítulo o desenvolvimento dos Tigres Asiáticos, afinal, ele se dá mediante estratégias políticas e econômicas orquestradas com outras políticas sociais que atingiram um bom resultado. O nível de industrialização dos Tigres Asiáticos é significativo em comparação com outros países do globo terrestre. Segundo a Organização das Nações Unidas para o Desenvolvimento Industrial (Unido), os Tigres Asiáticos estão entre os países mais industrializados do mundo e um dos segredos foi a formação das zonas de processamento de exportação (ZPEs), que veremos a seguir.

5.1 Formação das zonas de processamento de exportação

Após a Segunda Guerra Mundial, os Tigres Asiáticos tiveram um regime político rígido, em que os governos aplicaram medidas que foram fundamentais para o desenvolvimento da industrialização. Foi adotada uma política de incentivos para atração de indústrias transnacionais por meio da criação de zonas de processamento de exportação[i] (ZPEs), com exceção da Coreia do Sul. Nessas zonas especiais, houve a instalação de indústrias de diferentes ramos voltadas para o mercado externo, cujo foco principal é fabricar produtos e inseri-los no mercado estrangeiro. Esse modelo industrial ficou conhecido como **Industrialização Orientada para a Exportação (IOE)**.

Como esta seção é dedicada às ZPEs, é importante definir esse conceito. Segundo Moraes (2015, p. 4), a Conferência das Nações Unidas sobre Comércio e Desenvolvimento (Unctad), a Organização das Nações Unidas para o Desenvolvimento Industrial (Unido), a Organização Internacional do Trabalho (OIT) e o Banco Mundial definem: *zona de processamento de exportação* como "uma área geográfica delimitada que oferece regras e políticas específicas para empresas, e cria um ambiente regulatório e infraestruturas associadas ao fomento das exportações". No caso chinês, a aplicação das ZPEs foi realizada como uma espécie de laboratório das políticas relacionadas com investimentos, legislação trabalhista, entre outras, que foram testadas primeiro nas zonas, antes de serem replicadas no restante do país (Fias, 2008; Farole; Akinci, 2011, citados por Moraes, 2015).

---

i. A China também aplicou essa ferramenta, a qual chama de *zona econômica especial*.

Importante!

O objetivo principal de criação das ZPEs é o fomento do comércio exterior por meio das exportações tanto de empresas de capital nacional quanto das empresas com capital estrangeiro. Essas zonas oferecem benefícios fiscais, normativa favorável para investimento e isenção de tarifas.

Quando as ZPEs são bem-sucedidas, a presença delas atrai capital estrangeiro e, por consequência, aumentam os fluxos de investimento estrangeiro direto (IED). Isso se torna positivo para a macroeconomia desses países. Outra vantagem é a geração de postos de trabalho, em decorrência da dinâmica gerada nas empresas instaladas.

As ZPEs são utilizadas por diversos países, incluindo países desenvolvidos, como Estados Unidos, e países em desenvolvimento, como China, Brasil e Índia. As políticas voltadas para as ZPEs tornaram-se famosas e replicáveis graças ao sucesso dessas zonas especiais nos países asiáticos, principalmente nos setores têxtil, de vestiários, de bens eletrônicos e elétricos, e também nas Ilhas Maurício, no Marrocos, em Honduras e na República Dominicana.

Segundo o Banco Mundial, existem mais de 3 mil zonas econômicas especiais espalhadas por cerca de 135 países, sendo responsáveis por mais de 68 milhões de postos de trabalho e por mais de US$ 500 bilhões em transações comerciais (Fias, 2008 citado por Moraes, 2015). De acordo com dados da OIT, a Ásia concentra mais de um quarto de todas as ZPEs do mundo. As demais são encontradas nos Estados Unidos, no Caribe e na América Central (Moraes, 2015). Em virtude dos dados mencionados neste parágrafo, vamos analisar qual foi o contexto social e econômico que colaborou para o desenvolvimento das ZPEs nos Tigres Asiáticos.

5.2 Fatores que colaboram para o desenvolvimento econômico dos Tigres Asiáticos

O modelo de industrialização orientada para a exportação aplicado nos Tigres Asiáticos obteve êxito em razão do conjunto de medidas tomadas em comunhão com outros setores da economia asiática. A seguir, destacamos as principais ações empreendidas:

» **Desincentivo ao consumo interno da população local:** o governo aplica altas taxas de impostos para que não haja consumo interno da população. Assim, os produtos são direcionados para o mercado externo. O objetivo dessa medida é aumentar o nível de poupança interna para financiar investimentos.

» **Forte apoio do governo para o desenvolvimento de infraestrutura logística, redes de comunicação e de energia:** esses três elementos são pilares essenciais para a produção industrial em grande escala. Portanto, o objetivo dessa ação é oferecer apoio estrutural, atraindo as empresas para se instalarem nos países, especialmente nas ZPEs.

» **Investimento em educação e qualificação profissional da população:** como a mão de obra é necessária para as atividades industriais, o preparo da população local para o trabalho foi uma ação em conjunto com a política industrial e a política educacional.

» **Disponibilidade de mão de obra barata para o mercado de trabalho:** apesar da qualificação da mão de obra local, a política salarial seguida foi de desvalorização dos salários pagos pelos empresários para aumentar o lucro das empresas.

» **Incentivos tributários e de baixo custo**: isso levou à instalação de empresas de capital externo na região.
» **Política cambial**: adotou-se uma política de desvalorização do câmbio, tornando-o favorável à exportação.
» **Restrições aos sindicatos**: essas associações já não tinham meios de lutar por melhores condições de salários aos trabalhadores.

Importante!

Pela somatória dos aspectos citados, os Tigres Asiáticos garantiram alta competitividade no mercado mundial, alcançando de forma muito rápida elevados saldos comerciais e grandes fluxos de comércio exterior, que foram reinvestidos na capacitação tecnológica e de inovação desses países.

Entretanto, quando se consideram os efeitos sociais e econômicos na população, ou seja, aqueles que se refletem na melhoria da qualidade de vida, é preciso notar que o desenvolvimento econômico só veio muitos anos após a aplicação da IOE, e de forma bem tímida.

Até este ponto do capítulo, já examinamos a estrutura que embasa o desenvolvimento de uma economia voltada para a industrialização com foco no mercado externo. Também descrevemos as ZPEs, adotadas no mundo todo. Nas próximas seções abordaremos as características particulares de cada país que compõe o grupo dos Tigres Asiáticos e, por fim, da China.

5.3 Singapura[ii]

Singapura tem uma população de 5,6 milhões de habitantes e é considerada uma república independente, uma cidade-Estado insular com apenas 719,1 km² (Mapa 5.1). Singapura está localizada no Sudeste da Ásia em uma região geográfica muito privilegiada, isso porque o país consegue ter acesso aos oceanos Pacífico e Índico, conectando o Oriente e Ocidente.

Mapa 5.1 - Singapura

Peter Hermes Furian/Shutterstock

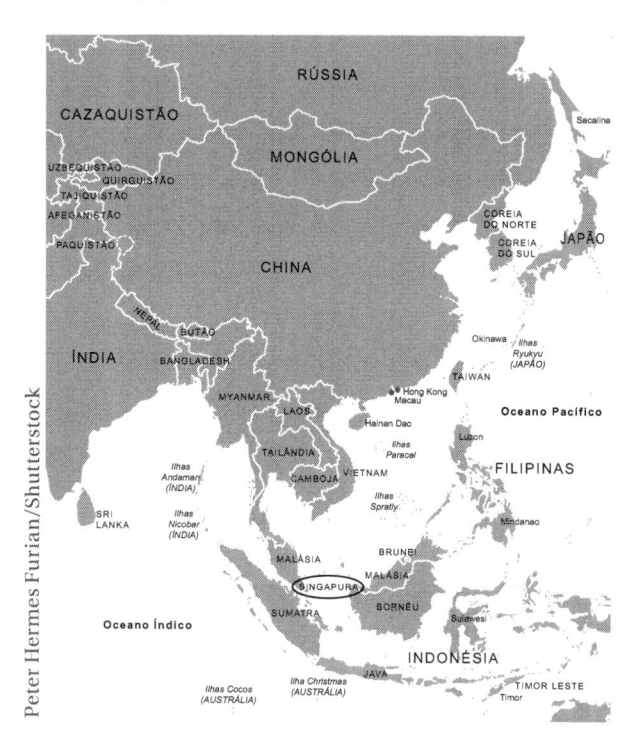

ii. As grafias *Cingapura* e *Singapura* eram aceitas na língua portuguesa até final de 2015. Porém, em virtude do Acordo Ortográfico de 1990, vigente a partir de 1º de janeiro de 2016, o uso da grafia *Singapura* passou a ser recomendada.

Apesar de seu reduzido tamanho, o desempenho econômico é comparável ao de um país forte e estável, com grande atração de investimento estrangeiro e uma indústria bem desenvolvida, principalmente se considerarmos o mercado de tecnologia.

Em 2015, o Produto Interno Bruto (PIB) de Singapura foi de US$ 307 milhões. O investimento de cerca de 3,3% do PIB em educação é um dos grandes segredos de seu desenvolvimento econômico. A indústria corresponde a 26% do PIB do país, destacando-se a indústria de transformação, principalmente de setores eletrônico, de refino de petróleo, de produtos químicos e de ciências biomédicas. Outro setor que merece atenção é o mercado financeiro, sendo um importante centro de negociação cambial mundial, atrás de Nova Iorque e Tóquio.

O desenvolvimento econômico de Singapura foi rápido e muito promissor. Até 1819, essa cidade-Estado era apenas um entreposto comercial e de abastecimento de navios. Em 1824, tornou-se uma colônia britânica[iii], sendo um local estratégico para o escoamento de produtos. Graças a essa característica, anos mais tarde, tornou-se um importante ponto logístico no mundo globalizado.

A característica do território singapurense definiu seu destino. Em virtude do território pequeno, não houve espaço para a produção agropecuária e nem para o desenvolvimento da área rural. Consequentemente, até hoje Singapura é dependente da produção agropecuária de outros países para suprir a falta de recursos naturais próprios. Como há restrição ambiental, a estratégia (política e econômica) adotada foi focar na **industrialização**, nas **atividades de serviços financeiros** e no **comércio exterior**. Atualmente, o país tem o maior porto do mundo e o maior movimento de contêineres da Ásia, o que prova que Singapura soube extrair o melhor de sua localização geográfica.

---

iii. Apenas em 1965, Singapura tornou-se uma república independente da Inglaterra.

Com relação à industrialização, os resultados que Singapura obteve são decorrentes de uma série de ações que começaram a ser adotadas na década de 1960, por meio de uma política de substituição de importação. Já vimos aqui que Singapura não tem um setor agropecuário desenvolvido, sendo o PIB agropecuário praticamente zerado. Nessa mesma década, Singapura tinha uma população estimada em 1,6 milhão de pessoas, com uma renda *per capita* de US$ 443. Considerando-se esse cenário, restava ao governo desenvolver uma política para o aumento dos rendimentos da população e o combate ao desemprego com três estratégias:

1. política de substituição de importação;
2. implementação das *pioneer industries;* e
3. qualificação de mão de obra.

A **política de substituição de importação (PSI)** também foi adotada em outros países, inclusive no Brasil. Segundo Gremaud, Vasconcelos e Toneto Júnior (2007, citados por Antunes, 2015, p. 105), a PSI tem como principal característica uma industrialização fechada, em função de dois elementos: o primeiro diz respeito ao fato de ela "ser voltada para dentro, isto é, visar ao atendimento do mercado interno, não ser uma industrialização que produz para exportar"; o segundo se liga ao fato de a PSI "depender em boa parte de medidas que protegem a indústria nacional dos concorrentes externos".

A política de substituição em Singapura teve as seguintes frentes:

» **Restrição às importações**: mesmo sendo dependente da produção de alimentos dos outros países, foram aplicadas restrições de importação[iv] de produtos para aumentar a proteção alfandegária;

---

iv. É importante frisar que essa restrição à importação foi aplicada entre as décadas de 1960 e 1970. Atualmente, ela não é válida no território singapuriano.

» **Controle industrial**: concomitante à primeira frente, limitou-se o número de empresas produtoras do mesmo bem. Dessa forma, garantia-se a sobrevivência dessa indústria e geravam-se empregos. O resultado foi positivo e, a partir da década de 1960, Singapura teve um crescimento econômico estimado de 10% ao ano, com aumento considerável do PIB.

Outra estratégia política de Singapura foi a **criação de uma agência de desenvolvimento industrial**, com a missão de fomentar a criação de indústrias, as ***pioneer industries***, por meio de incentivos da participação direta do capital, somado ao melhoramento da infraestrutura. Obviamente, o processo de industrialização foi arquitetado com os setores industriais que o governo elegia como estratégicos, nos quais passou a injetar recursos.

A terceira estratégia foi a **qualificação da mão de obra**, ou seja, o capital humano. Apesar de existir injeção financeira na indústria, sem a qualificação de profissionais não haveria avanço no plano de desenvolvimento. O governo criou vários cursos técnicos voltados para a indústria, como formação de engenheiros, inclusive com controle da frequência escolar (Serra, 1996).

Na década de 1970, Singapura já tinha conquistado crescimento econômico e alta taxa de empregabilidade. Como a regra do mercado é clara em relação à oferta e à demanda[v], teve início a pressão pelo aumento dos salários, afinal, havia muita gente empregada e disponibilidade de emprego. Assim, o governo passou a controlar a situação do aumento salarial porque tinha interesse em manter o nível salarial para continuar atraindo investimento e empresas estrangeiras.

---

v. Quanto maior é a procura pelo bem, maior é o preço.

A política industrial estava focada no *catch-up* tecnológico, ou seja, não se buscava mais apenas a produção de peças eletrônicas, o foco da política era a produção de computadores e maquinaria e os setores do conhecimento. Dessa forma, Singapura fez sua lição de casa. O governo ficou de olho nas contas públicas e saldou as contas. A política monetária controlou a oferta da moeda e o efeito da taxa de juro no mercado cambial. Consequentemente, Singapura conseguiu ter taxas atraentes para captar investimento estrangeiro e evoluiu no mercado cambial.

A partir de 1979, iniciou-se uma nova revolução industrial, com um *upgrading* industrial, juntamente com o incentivo de novos investidores e o surgimento cada vez mais acelerado de indústrias capital-intensivas.

Preste atenção!

Hoje, Singapura tem um grande desenvolvimento tecnológico nas áreas médica, química e farmacêutica, resultado de uma política industrial bem arranjada com outras áreas, principalmente com a política cambial e monetária.

Outros motivos que justificam a atração de empresas multinacionais em direção a Singapura é a infraestrutura que o país oferece nas áreas logística, de telecomunicações e de oferta de mão de obra. "Todos esses fatores ajudaram na formação de distritos industriais, que possuem indústrias distribuídas setorialmente de acordo com melhores condições ambientais, de logística e de proximidade com outras indústrias" (Resina, 2013, p. 22). Isso serve para incentivar o empreendedorismo por meio do conhecimento e da inovação.

De fato, o empreendedorismo é fundamental para o crescimento econômico de um país, principalmente quando se considera uma economia baseada no conhecimento, na tecnologia e na inovação. No caso de Singapura, uma das estratégias do governo é promover o empreendedorismo na ilha e criar incentivos para o desenvolvimento da indústria de alta tecnologia.

Importante!

O setor financeiro também é muito importante para a economia de Singapura, porque capta recursos para serem investidos na industrialização e nos demais setores da economia. Por isso, é essencial compreender o processo de desenvolvimento financeiro em Singapura a fim de formar uma visão mais ampla da ligação entre o desenvolvimento industrial e o setor financeiro.

O desenvolvimento do mercado financeiro na Ásia ocorreu quando os centros financeiros *offshore*[vi] (por exemplo, o do Caribe) atuavam como intermediários entre os mercados de capitais nacionais e o crescente mercado de moedas na Europa. A estratégia usada por Singapura foi incentivar o fluxo financeiro "através de redução dos custos de operação e abolição de restrições nas transações em moeda estrangeira de não residentes" (Resina, 2013, p. 27).

O mercado de moeda asiática de Singapura foi criado em 1968, quando uma filial do Bank of America obteve uma licença para atuar no país. As autoridades de Singapura tinham como objetivo estimular o mercado bancário *offshore* para atrair investimentos estrangeiros por meio de incentivos associados a privilégios

---

vi. Empresas *offshore* são instituições estabelecidas em paraísos fiscais, onde há privilégios tributários, ou seja, há redução ou isenção de impostos.

tributários com isenção ou redução de impostos. Os bancos licenciados criaram unidades de contabilidade especiais, chamadas de *Asian Currency Units* (ACU).

O crescimento do mercado da ACU ocorreu por meio das operações financeiras feitas por bancos comerciais no mercado. Aos poucos, os fundos (gerados pelos fluxos de recursos) que iriam para os clientes (não bancários) subiram juntamente com a participação dos empréstimos entre os bancos. Com o tempo, criou-se uma rede de transação financeira e Singapura adquiriu a função de arbitragem entre os mercados de diferentes continentes, como Ásia, Europa e Oriente Médio (Hodjera, 1978).

A função de arbitragem de Singapura consistia em fazer as operações de compra e venda de um determinado ativo (que, na linguagem dos investidores, é um bem, crédito que forma o patrimônio de uma empresa), com a finalidade de ganhar dinheiro sobre a diferença de preços existentes para esse mesmo ativo. Porém, isso acontecia para mercados diferentes no mundo, porque Singapura aproveitou a brecha de poder trabalhar com diferentes mercados, o que aconteceu em grande parte pelo benefício do fuso horário. Observe o Mapa 5.2.

Mapa 5.2 – Fusos horários

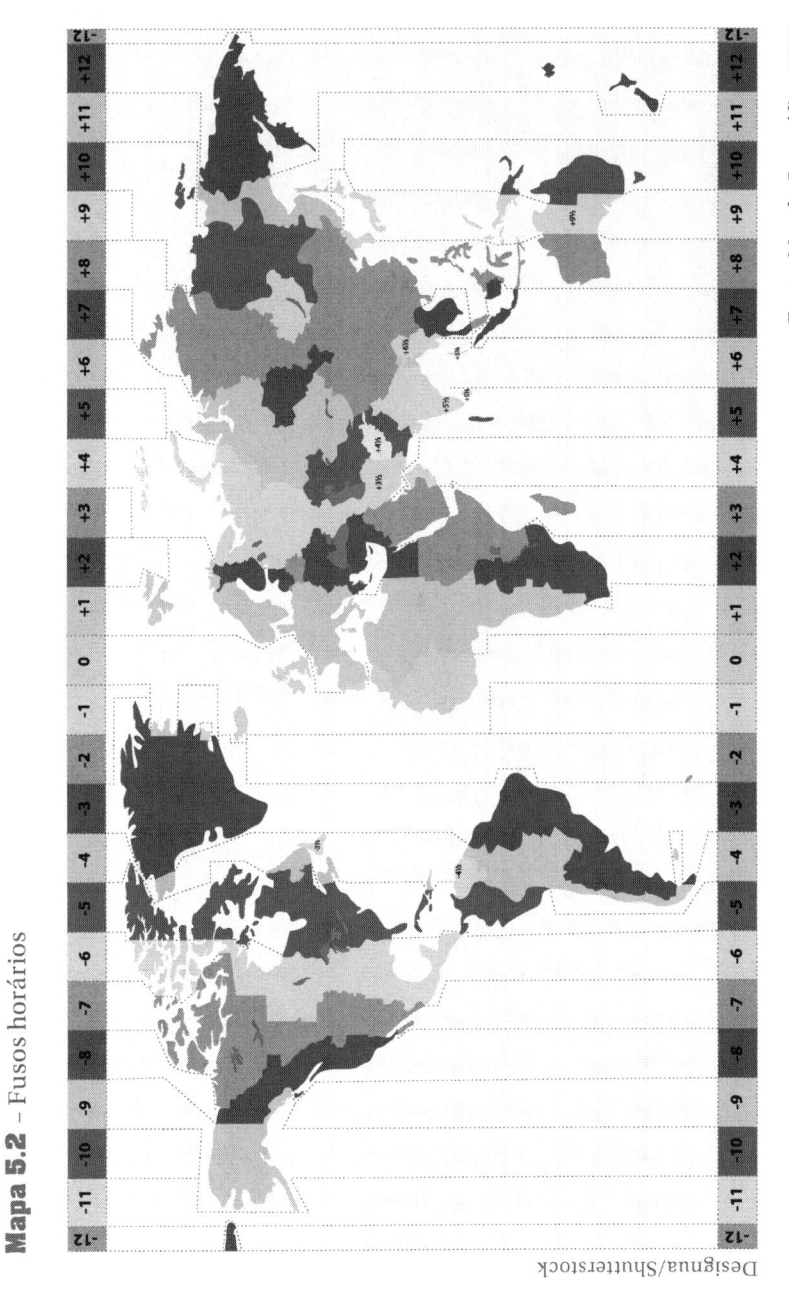

Fonte: Mundo Geográfico, 2018

Designua/Shutterstock

Como mostra o Mapa 5.2, as diferenças de fuso horário entre Sidney, Tóquio, Hong Kong, Oriente Médio e Europa Ocidental colocam essas localidades de um lado e Singapura de outro. Assim, os bancos que operam no mercado de moeda asiático podem realizar negócios durante um dia útil normal nessas localidades sabendo que a bolsa de valores de Singapura continuará suas negociações, pois têm o horário de funcionamento mais prolongado na Ásia (Resina, 2013). Isso permite que as cotações de Singapura possam "servir como base para determinar taxas de juros em transações internacionais em todos os centros financeiros do leste do Mediterrâneo, antes do início do dia útil em Londres e Frankfurt" (Resina, 2013, p. 36).

Segundo Hodjera (1978, p. 237, tradução nossa),

> o mercado monetário de Londres é o mais importante e o único que influencia nas taxas de juros cotadas pelos bancos ACU, de modo que os níveis e a estrutura das taxas de juros do mercado monetário asiático correspondem ao mercado de eurodólar de Londres. O sistema monetário de Singapura utiliza a cotação da taxa interbancária de Londres do dia anterior para a determinação das taxas de juros do mercado. Essas taxas sofrem alterações em virtude das taxas de juros de Nova Iorque e São Francisco, após o fechamento do mercado de Londres. Assim, quando o mercado de Singapura se abre, no dia seguinte, os bancos ACU prosseguem com a arbitragem de juros sobre as transações em dólares com os bancos de Sidney e Tóquio para Beirute. Com a abertura do mercado de Londres às 15 horas e 30 minutos no horário de Singapura, os mercados de Londres e Singapura se fundem e os bancos ACU ajustam

suas taxas para corresponder à cotação aberta em Londres. Entretanto, maiores mudanças nas taxas de eurodólar em Londres ocorrem mais para o final do dia, quando o mercado de Nova Iorque está aberto, mas o mercado cingapuriano está fechado, então as principais mudanças de cotação do eurodólar em Londres só refletem nas taxas de juros do dólar na Ásia no dia seguinte. Esse tempo complexo de arbitragem tem resultado em flutuações de tamanho considerável das taxas de juros do dólar americano entre o mercado monetário da Ásia e o de Londres.

Dessa forma, Singapura tornou-se um meio de "canalizar fundos em projetos de desenvolvimento que envolve países da Ásia e, também, serve como uma via para mobilizar estes fundos de países superavitários para toda a região" (Resina, 2013, p. 27). Nesse contexto, podemos afirmar que o crescimento de Singapura foi derivado de dois fatores. O primeiro deles é o resultado do rápido crescimento econômico dos países asiáticos, que aumentou o fluxo de recursos entre os Tigres Asiáticos e outros países. O segundo é o aumento da comercialização do mercado de dólar asiático (ACU).

Segundo Hodjera (1978), o aspecto mais importante para o desenvolvimento financeiro de Singapura foi a estratégia governamental de incentivar a atração de negócios bancários. Apesar de Tóquio e Hong Kong terem um sistema bancário bem desenvolvido, Tóquio tinha uma característica bem interessante: não era aberta às transações internacionais praticadas no mercado de moedas europeias, porque as transações eram severamente restringidas pelo controle de fluxo de capital no Japão. Já Hong Kong não tinha restrição para o fluxo de capital, porém as taxas eram muito altas, o que desmotivava a aplicação do investimento pelos não residentes (Hodjera, 1978).

Importante!

Em razão das vantagens de investimento que oferece, Singapura se tornou um centro de operações interbancárias e uma fonte de recursos para a região mediante a disponibilidade de investimentos empresariais e empréstimos do governo.

Outra ação em que o país investiu foi o fornecimento de fundos para o mercado monetário da Ásia, focado em empresas não bancárias e em não residentes, atraindo empresas multinacionais (Resina, 2013).

Em virtude do que foi mencionado sobre a economia de Singapura, é importante observar a ligação entre a industrialização e o mercado financeiro. A relação é a seguinte: para a instalação das indústrias, é necessário ter dinheiro para começar o negócio. Assim, o mercado financeiro capta possíveis investidores e o recurso é direcionado para as indústrias. Portanto, é uma relação complementar e vital.

O crescimento do mercado financeiro em Singapura foi examinado mais longamente nesta seção para mostrar como se deu essa dinâmica. Os outros Tigres Asiáticos também desenvolveram o mercado financeiro, que serviu como pontapé para a industrialização.

5.4 Coreia do Sul

Oficialmente, a Coreia do Sul é denominada de República da Coreia. Localiza-se no Leste Asiático e sua capital é Seul (Mapa 5.3). A população coreana é de 50 milhões de habitantes e o PIB da região é de US$ 1,4 trilhão. Atualmente, a Coreia do Sul destaca-se principalmente na produção de aparelhos celulares, dispositivos semicondutores e celulares, tendo o maior número de usuários de internet do mundo.

Mapa 5.3 – Coreia do Sul

Peter Hermes Furian/Shutterstock

O desenvolvimento industrial alcançado hoje foi resultado de uma reforma em diferentes esferas (econômica, social e política). Para compreender o processo de industrialização coreana, é preciso considerar as fases que antecederam esse momento.

Segundo Masiero (2002), três fatores da história da Coreia do Sul influenciaram o desenvolvimento da indústria nesse país: o domínio japonês (1910-1945), a ocupação americana (1945-1948) e a Guerra da Coreia (1950-1953). Vejamos cada um desses casos.

» **Domínio japonês (1910-1945)**: a Coreia pertenceu ao Japão a partir de 1910 e esse fato atrapalhou, por um lado, o desenvolvimento econômico daquele país. Isso aconteceu porque, conforme Masiero (2002, p. 213), "as taxas de juros cobradas dos empreendedores coreanos eram mais altas do que as cobradas aos japoneses, dificultando a sobrevivência das empresas locais". Por outro lado, a herança japonesa contribuiu para a vocação tecnológica por meio de uma base educacional.

» **Ocupação americana (1945-1948)**: esse evento se caracterizou "por incerteza e confusão. Essa situação foi decorrente da falta de uma clara política americana para a Coreia, do confronto entre os EUA e a União Soviética e da polarização da política coreana entre a esquerda e a direita" (Masiero, 2002, p. 214) e influenciou o ambiente político.

» **Guerra da Coreia (1950-1953)**: durante a Guerra da Coreia, muitos estabelecimentos industriais e comerciais, assim como as infraestruturas, foram destruídos. A guerra também causou alta de inflação, gerando efeitos econômicos indesejáveis. Dessa forma, a ajuda americana para "reconstruir" o país foi fundamental. Após a separação das Coreias, houve a reforma agrária em 1949, o que ajudou no desenvolvimento social e na redistribuição de renda.

Politicamente, a independência da Coreia do Sul ocorreu em 1947, tendo sido submetida à análise das Nações Unidas. Em novembro do mesmo ano, foi reconhecida a independência do país.

Assim como os outros Tigres Asiáticos, a Coreia do Sul passou por várias reformas econômicas, financeiras e sociais, a fim de alcançar o grau de desenvolvimento e industrialização atual.

Importante!

A política industrial coreana tem uma característica bem marcante, que é a presença de grupos que trabalharam como *chaebol*, ou seja, por meio de conglomerados de negócios que costumam ser associados a uma única família.

Um grupo empresarial, talvez o mais conhecido da Coreia do Sul, é a Samsung, fundada em 1938 e sob a direção da mesma família até hoje. Essa característica é bem marcante da cultura coreana, e as estatísticas indicam que isso tem trazido bons resultados para o crescimento econômico do país.

Destacamos, contudo, que a característica de ser *chaebol* não se restringe ao fato de pertencer apenas a uma família. Segundo Masiero (2007, p. 17), "dependência do capital externo, controle centralizado, administração paternalista e forte dependência de modelos de administração estrangeira" são fatores que caracterizam esse tipo de modelo.

Para compreender a relação que existe entre os fatores históricos citados e a industrialização, acompanhe o seguinte raciocínio: a experiência colonial japonesa teve grande importância para a origem dos *chaebol* porque estes herdaram uma estrutura similar, já que "Os antigos *zaibatsus* japoneses também tinham a mesma estrutura organizacional" (Masiero, 2003, p. 18). Além disso, após o fim do período colonial, a Coreia ficou com a estrutura industrial que pertencia aos japoneses. Após 1945, os Estados Unidos passaram a ser o novo parceiro/investidor na Coreia (Masiero, 2007).

As estratégias de desenvolvimento econômico sul-coreano foram guiadas pelo poder central por meio dos planos quinquenais, nos quais o governo interferiu no sistema de preços e nas relações governamentais com os grupos. Até 1960, a economia sul-coreana era baseada na agricultura. A partir de 1962, foi iniciada a implantação de uma série de planos econômicos, o que orientou o desenvolvimento da manufatura leve voltada para a exportação. O crescimento econômico foi liderado por uma política de industrialização que enfatizava a reconstrução do país pela substituição das importações por meio do aumento da produção nacional e da redução da importação.

A partir de 1970, foi realizada uma estratégia de desenvolvimento voltada para a exportação, sem que fosse abandonada a política de substituição de importação, principalmente da indústria química e pesada. Em 1980 e 1990, com uma estrutura industrial formada, houve estratégias distributivas e de apoio às pequenas e médias empresas que começam a ser implementadas (Masiero, 2007).

5.5 Hong Kong

Hong Kong é considerada uma região administrativa especial da República Popular da China, com apenas 1.100 km² de extensão (Mapa 5.4). A China assumiu a soberania da região sob a seguinte premissa: "Um país, dois sistemas". "A lei básica é o documento constitucional da Região Administrativa Especial de Hong Kong, que assegura a manutenção da situação política. Os direitos e liberdades das pessoas em Hong Kong têm como base o princípio *'the rule of law'*" (Brasil, 2018b). Atualmente, a região é considerada um dos principais centros financeiros do mundo.

Mapa 5.4 – Hong Kong

Peter Hermes Furian/Shutterstock

O desenvolvimento econômico de Hong Kong iniciou-se com o trabalho de Sir John James Cowperthwaite, um economista liberal que instaurou uma revolução no local, transformando-o em um grande centro bancário. Na condição de secretário de finanças, Cowperthwaite defendeu o livre comércio e passou a controlar a política econômica da colônia. O resultado disso foi que Hong Kong se tornou o local mais liberal do mundo, com uma economia forte em serviços, já que não possuía terra agrícola nem recursos naturais.

Similar a Singapura, o "principal fator de atração para a ida de empresas chinesas para Hong Kong consiste no mercado de ações que existe em Hong Kong" (Oliveira, 2012, p. 216). Conforme Reed et al. (2014),

> Desde 1997, a economia de Hong Kong se tornou um polo para serviços de alto valor agregado (finanças, administração, logística, consultoria empresarial, comércio etc.). Atualmente ela atrai tanto empresas chinesas que querem entrar no mercado internacional quanto empresas de todo o mundo que querem ter acesso aos mercados da China e do resto da Ásia.

Desse modo, Hong Kong é muito importante para a captação de recursos para a indústria chinesa.

5.6 Taiwan

Oficialmente República da China, o Estado insular de Taiwan, ou Formosa, está localizado em um arquipélago vulcânico, ocupando um território de 36.193 km² (Mapa 5.5). É, atualmente, um dos maiores exportadores de tecnologia da informação e comunicação do mundo (principalmente semicondutores). Manteve em seu território pesquisa e inovação e transferiu as cadeias de produção para países com mão de obra mais barata (Martuscelli, 2014).

Mapa 5.5 – Taiwan

Peter Hermes Furian/Shutterstock

Na década de 1950, Taiwan aplicou uma política similar àquela adotada pela Coreia do Sul, introduzindo quatro fases:

1. substituição primária de importações;
2. transição e promoção de exportação;
3. substituição secundária de importação;
4. fortes investimentos em indústrias de alta tecnologia.

O Estado também se utilizou da formação de *chaebols*, por meio da criação de conglomerados de empresas. Porém, concentrou-se na construção de grandes empreendimentos produtivos (Albuquerque, 2017). Vejamos como se caracterizam essas fases:

A **fase 1** foi beneficiada pela reforma agrária que distribuiu renda e aumentou a produtividade da terra, consequentemente aumentando o mercado consumidor e o suprimento de alimentos para a população. Além disso, o Estado se utilizou de uma "bateria de intervenções" como restrições a importações e taxa cambial favorável. Nessa fase foram as indústrias intensivas em mão de obra as favorecidas. A **segunda fase** foi marcada pelo programa dos 19 pontos, que tinha como objetivo encorajar a poupança e o investimento e promover as exportações, além de reduzir as despesas. Foi durante essa fase que Taiwan criou a primeira zona de processamento de exportações do mundo, nessa área as multinacionais tinham acesso à mão de obra barata, não pagavam impostos (ou eram baixos) e contribuíram para treinar milhares de pessoas que, eventualmente, ou foram contratadas por empresas de capital nacional da ilha, ou abriram suas próprias empresas e nelas introduziram técnicas administrativas aprendidas com as multinacionais. A **terceira** procurou substituir importações químicas, equipamentos de transportes e siderurgia e metalurgia, ou seja, melhorar a infraestrutura e interiorizar a produção de certos insumos industriais. A **quarta e última fase**, que prevalece até o momento, buscou identificar ramos industriais de alta tecnologia que atendessem a alguns critérios pré-selecionados, entre eles: grande potencial de mercado, baixa intensidade energética e baixa poluição (Albuquerque, 2017, p. 12, grifo nosso).

A seguir, vamos analisar como se caracteriza o desenvolvimento industrial da China.

5.7 China

Apesar de não ser considerada um Tigre Asiático, a China tem se destacado na economia mundial, pois vários fatores têm contribuído para seu crescimento. Entretanto, antes de analisarmos a economia desse país, vamos tratar de sua geografia e sua população, afinal, ambas dinamizam a economia da região.

A China tem características bem particulares. Primeiramente, seu gigantismo populacional tem uma forte influência na política.

Preste atenção!

A China tem em torno de 1,3 bilhão de habitantes, o que significa que aproximadamente 18% da população mundial é chinesa.

As consequências desse contingente populacional são a necessidade de geração de muitos postos de trabalho, o consumo exorbitante de produtos alimentícios e a demanda por matéria-prima e combustível para gerar condições mínimas de sobrevivência para a população.

A maioria da população chinesa está localizada na porção leste, próxima à costa marítima, onde estão os maiores centros financeiros e comerciais com núcleos urbanos gigantes (Mapa 5.6). São os casos de Xangai, com cerca de 24 milhões de habitantes, e Pequim (capital), com 21,7 milhões aproximadamente. Na parte oeste, a concentração populacional é menor e rural. Apenas 54,41% da população total vive em área urbana.

Mapa 5.6 – China

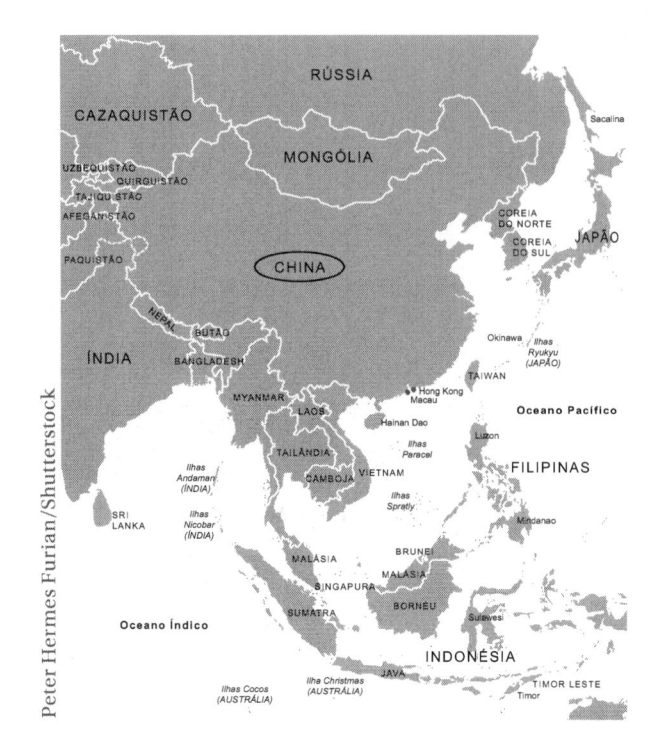

Peter Hermes Furian/Shutterstock

Além disso, a China é o terceiro maior país do mundo em extensão, atrás apenas da Rússia e do Canadá. Geograficamente, a China tem diferentes paisagens, como montanhas nos Himalaias (onde se localiza o Monte Everest, o ponto mais alto do planeta, com 8.848 metros de altura) e o Deserto do Gobi (com uma vegetação seca, apresenta grandes bacias fluviais e uma longa costa marítima).

A ascensão da China na economia mundial é reflexo de uma série de reformas políticas que o país vem aplicando desde 1970. Segundo Becard (2008), com o final da Guerra Fria, as relações da China com o resto do mundo ligaram-se à busca de modernização da economia chinesa e à recomposição do equilíbrio de poder. "A globalização da diplomacia de boa vizinhança indica o empenho chinês em operacionalizar [...] a ideia do poder colegiado que venha afastar a ameaça de um mundo unipolar e consolidar a perspectiva de transformar a China em potência regional" (Becard, 2008, p. 24).

A fase comunista entre 1949 e 1978, sob o governo de Mao Tsé-Tung, foi caracterizada pelo isolamento do país no mundo, principalmente do isolamento comercial e no âmbito das relações comerciais. A população era predominantemente rural e de baixa renda. Além disso, havia um planejamento centralizado e controlado pelo governo central, voltado ao fomento dos setores-base da atividade econômica, como a extração mineral, a siderurgia, a petroquímica e a agricultura (Yucing, 2013).

Após 1978, ocorreram mudanças socioeconômicas profundas, com reformas estruturais e modernização na agricultura, na indústria, na defesa nacional e na tecnologia, com o objetivo de criar uma economia de mercado com características socialistas. A ideia era obter lucro. Entretanto, a propriedade dos meios de produção pertenceria ao Estado. Assim, a liberação do comércio exterior foi uma medida essencial, sendo acelerada após a entrada da China na Organização Mundial do Comércio (OMC), em 2001.

A receita da inclusão da China[vii] na economia mundial não parou por aí, pois houve outros fatores que colaboraram para sua ascensão mundial. Já vimos alguns deles nas seções anteriores, mas vale sintetizá-los seguir:

» reforma de orientação para o mercado externo;
» adoção de política comercial e cambial apropriada;
» investimentos estrangeiros originados de Hong Kong e Taiwan e de incorporações multinacionais;

---

vii. Para saber mais sobre esses fatores, sugerimos que você reveja a Seção 5.3.

- » eficiência das indústrias manufatureiras;
- » incentivo às exportações;
- » altas taxas de investimento;
- » abertura comercial e financeira;
- » regime de câmbio rígido;
- » investimento em educação e desenvolvimento.

Como é possível observar, a China investiu em vários segmentos de sua economia e teve políticas bem orientadas. O comércio exterior do país ampliou-se e, em 2013, tinha 6% de participação no comércio mundial. Um dos motivos foi a maior abertura da economia (exportações e importações) nos últimos anos. Esse resultado também é consequência de um instrumento político-econômico que deu certo: a criação de zonas econômicas especiais (ZEEs) no território chinês. Elas também estão presente em alguns Tigres Asiáticos, sendo chamadas de *zonas de processamento de exportação* (ZPEs), como vimos.

Segundo Yucing (2013), "essas zonas atraem investimentos estrangeiros, desenvolve a produção tecnológica do país e absorve as inovações tecnológicas desenvolvidas nos países mais avançados". O objetivo das ZEEs é aumentar a produção industrial e encaminhar esses produtos para o mercado externo. Assim, fortalecem a industrialização, oferecem mão de obra para a população, exportam a produção e recebem divisas. As empresas que desejam instalar-se no território chinês associam-se a uma empresa local (estatal ou não) em forma de *joint venture*.

> As ZPEs são consideradas as catalisadoras da reforma econômica e abertura comercial da China. Diferente da maioria das zonas espalhadas pelo mundo, as chinesas são majoritariamente coordenadas pelo governo.

A grande maioria das zonas se concentra na área leste do país, com acesso facilitado aos portos. Entre os diferentes tipos de zonas de zonas chinesas, a zona de desenvolvimento econômico e tecnológico e a zona de desenvolvimento industrial de alta tecnologia se destacam. Essas zonas específicas receberam mais de 30% (cerca de US$ 30 bilhões) dos investimentos estrangeiros em 2010.

As zonas também influenciaram a formação de clusters e cadeias industriais nas diferentes regiões do país. Os principais benefícios se concentram em reduções tributárias, financiamentos de baixo custo e acesso a um ambiente de negócio com regras favoráveis. (Moraes, 2015, p. 15)

Importante!

Podemos indicar que os incentivos para as empresas estrangeiras se instalarem em ZEEs são a disponibilidade de mão de obra abundante e barata, o acesso à infraestrutura para exportação de forma rápida, além da baixa tributação local.

Segundo a pesquisa de Nonnenberg (2010), a instalação de ZEEs contribuiu para o crescimento chinês porque houve entrada de divisas. Os Investimentos Diretos Externos (IDEs), entre 1981 a 2007, pularam de US$ 265 milhões para US$ 138 bilhões. Apesar da legislação específica nas ZEEs, elas se tornaram as maiores receptoras de investimentos no mundo.

Síntese

A adoção de um modelo industrial voltado para a exportação, o controle da política cambial, o uso de mão de obra barata e qualificada, entre outros fatores, garantiram a alta competitividade dos Tigres Asiáticos e também da China no mercado mundial. Vimos que, além da política econômica, houve grandes investimentos em educação e qualificação profissional, controle do poder dos sindicatos e desvalorização dos salários. Cada fator contribuiu para que a roda da economia girasse de alguma forma. Do ponto de vista do mercado financeiro, essas ações são consideradas bem-sucedidas em razão da capacidade de atração de investimento estrangeiro. Entretanto, sabemos que, do ponto de vista do trabalhador, o sistema estipulado não é justo em virtude dos baixos salários pagos, o que indica que o país em questão ainda não atingiu o amadurecimento característico do Primeiro Mundo.

Indicações culturais

Livro

BECARD, D. S. R. **O Brasil e a República Popular da China**: política externa comparada e relações bilaterais (1974-2004). Brasília: Funag, 2008.

O livro de Daniela Becard é uma raridade para quem quer se aprofundar nos estudos sobre as relações entre Brasil e China. A obra traz informações desde o estabelecimento das relações diplomáticas entre esses dois players *mundiais, em 1974, até o século XXI.*

Atividades de autoavaliação

1. Analise as proposições a seguir, que tratam das políticas aplicadas para o desenvolvimento econômico dos Tigres Asiáticos.
   I. Umas das estratégias governamentais adotadas foi a substituição de importações.
   II. Há pouco apoio para o desenvolvimento da infraestrutura local, de energia e comunicação. Os investimentos são exclusivamente particulares, sem qualquer participação governamental.
   III. Busca-se a criação de uma mão de obra com ótima formação acadêmica e profissional e disposta a aceitar baixos salários nas indústrias locais. Essa política tem apoio do sindicato dos trabalhadores.

   Agora, assinale a alternativa que apresenta todas as proposições corretas:
   a) I, II, III.
   b) I, II.
   c) III, apenas.
   d) I e III.

2. Sobre a China e os Tigres Asiáticos, avalie as proposições a seguir referentes às políticas aplicadas nesses países:
   I. A política econômica tem orientação para o mercado externo. O governo estabelece altas taxas de impostos para que não haja consumo interno e os produtos sejam direcionados para o mercado externo.
   II. Adotou-se uma política comercial e cambial apropriada que beneficie o investidor que tem interesse em injetar dinheiro na economia chinesa para a comercialização de produtos fabricados na China e exportados para o mundo todo.

III. Houve o fechamento da economia chinesa para os investimentos estrangeiros, afinal, a China adota uma política socialista, ou seja, o poder centralizado no Estado. Além disso, adotou-se o regime de câmbio flexível.

Assinale a alternativa que apresenta as proposições corretas:
a) I, II, III.
b) II, III.
c) I, apenas.
d) I, II.

3. Sobre a geografia da China, assinale a alternativa correta:
   a) É o segundo maior país do mundo em extensão, atrás apenas da Rússia.
   b) É o terceiro maior país do mundo em extensão, atrás apenas da Rússia e do Canadá.
   c) É um país pequeno em termos de extensão territorial, sendo considerado um dos menores do mundo.
   d) É o quinto maior país do mundo em extensão, atrás apenas da Rússia, do Canadá, dos Estados Unidos e do Brasil.

4. Sobre as reformas políticas na economia de Hong Kong, leia as proposições a seguir e verifique quais foram relevantes para o crescimento da região.
   I. Produção voltada para o mercado interno.
   II. Livre comércio e baixa ou mesmo nenhuma intervenção estatal na economia.
   III. Investimentos estrangeiros oriundos de corporações multinacionais.
   IV. Mercado de trabalho flexível.

Agora, assinale a alternativa que apresenta as proposições corretas:
a) II, III e IV.
b) I, II e IV.
c) I, II e III.
d) IV, apenas.

5. Sobre a China, leia as proposições a seguir e verifique quais foram relevantes para o crescimento econômico desse país.
   I. Investimentos no setor de construção civil.
   II. Proibição da entrada de montadoras de automóveis estrangeiras no país.
   III. Investimentos nos setores de mineração e siderurgia.

   Assinale a alternativa que apresenta as proposições corretas:
   a) I, II e III.
   b) II e III.
   c) I, apenas.
   d) I e III.

Atividades de aprendizagem

Questões para reflexão

1. A política de substituição de importações já foi praticada por diversos países que buscaram desenvolver suas indústrias, inclusive o Brasil. Considerando o atual contexto da globalização, você acredita que essa ainda é uma política válida para os dias atuais? Ela ainda pode ser praticada? Quais são as implicações disso?

2. Considerando as políticas aplicadas para o desenvolvimento econômico chinês, desenvolva um argumento para defender qual ou quais, em sua opinião, foram realmente essenciais para que o país atingisse esse objetivo.

Atividade aplicada: prática

1. Acesse o portal Comex Stat, que dá acesso gratuito às estatísticas de comércio exterior do Brasil, e analise quais são os principais produtos exportados do Brasil para os Tigres Asiáticos. Verifique qual é nossa pauta de exportações para esses países. COMEX STAT. Disponível em: <http://comexstat.mdia.gov.br>. Acesso em: 24 nov. 2018.

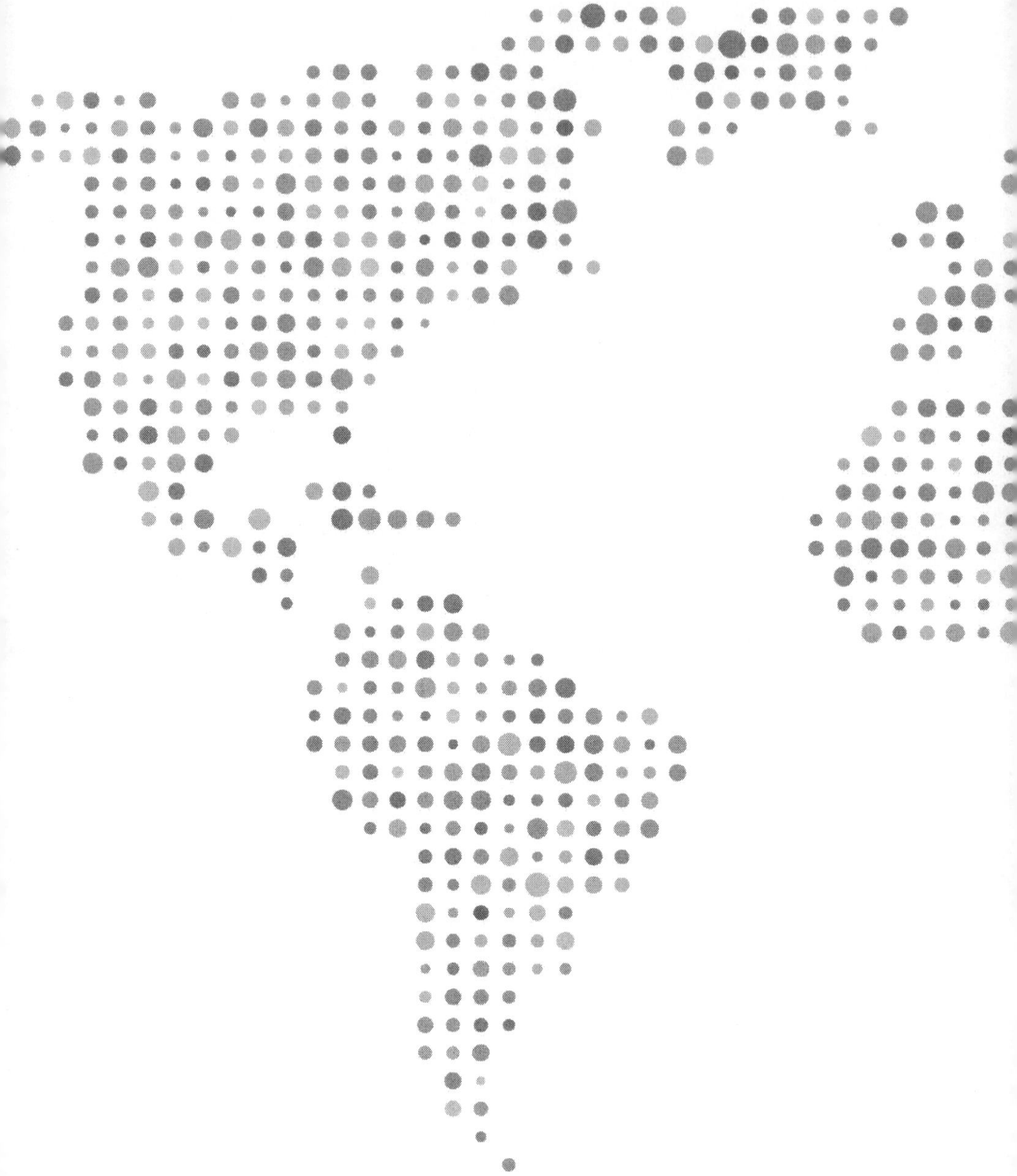

6 Transporte e indústria

O transporte é considerado um fator essencial na localização de uma indústria porque constitui parte importante dos sistemas de produção, distribuição e consumo presentes no circuito econômico. Conforme Firkowski e Sposito (2008), as relações entre o transporte e a localização industrial podem ser compreendidas quando se considera a interseção entre diversos fatores. Neste capítulo, examinaremos esses fatores e, depois, detalharemos os principais modais de transporte utilizados pelas indústrias no Brasil.

Também apresentaremos dados do comércio exterior, tendo em vista a presença de empresas multinacionais e nacionais no circuito da economia global. Nesse contexto, analisaremos as principais dificuldades logísticas encontradas na cadeia de suprimentos dos produtos industriais.

6.1 Fatores que norteiam as relações entre transporte e localização industrial

Vamos iniciar a discussão sobre os fatores que guiam a relação entre transporte e indústria pela **evolução técnica geral**. Entendemos esse fator como um progressivo melhoramento das grandes infraestruturas por meio da construção de estradas, eixos ferroviários, portos, viadutos e aeroportos. Isso resulta na abertura do leque das opções de escolhas de localização industrial, mas também na diferenciação do poder de atração (porque aqui entram também outros fatores, incluindo a distância entre a indústria e o mercado consumidor).

A escolha da localização da indústria depende do ramo de atividade em que a indústria está inserida. Existem ramos que dão preferência à proximidade com o mercado consumidor. Por exemplo, no caso da indústria cervejeira, principalmente quando se pensar no chope, trata-se de um produto perecível, sendo importante que se esteja próximo do mercado consumidor. Já a indústria siderúrgica, como se dedica à fabricação e ao tratamento de matéria-prima de alta durabilidade, pode dar preferência à localização em pontos mais distantes. A discussão dos fatores de escolha de localização industrial é mais abrangente. Na academia, é possível encontrar estudos sobre os mais diversos fatores.

Outro fator que podemos citar é a **evolução das atividades industriais**. Isso porque as mudanças tecnológicas podem resultar em alteração do perfil dos produtos. Há a produção com menos matérias-primas (produção enxuta), a ramificação dos tipos de indústrias e subsetores e a diversificação das atividades industriais. Desse modo, o impacto do custo de transporte varia de acordo com o ramo de atividade industrial.

Por fim, há o fator da **intervenção crescente do Poder Público**. Nesse caso, as políticas de incentivo fiscal, as características do plano diretor do município, as políticas de proteção do meio ambiente, as práticas tarifárias específicas, entre outros aspectos, também influenciam diretamente a localização industrial. O incentivo público é presente quando, por exemplo, a empresa está em dúvida entre duas cidades próximas e a prefeitura oferece um terreno na área industrial para motivar a escolha do empresário.

Importante!

De forma geral, a indústria precisa escolher entre diversos itinerários e modos de transporte – aéreo, ferroviário, rodoviário, hidroviário, dutoviário, marítimo, multimodal e intermodal – para que o produto chegue até o consumidor final ou a rede de distribuição.

Para se efetuar a escolha do itinerário e do meio de transporte a ser utilizado, alguns critérios podem ser seguidos, como:

» As próprias necessidades da fábrica: natureza dos produtos, quantidades a transportar, frequência das entregas e das expedições, velocidade exigida.
» As características do produto a transportar: natureza, consistência, características mais ou menos equilibradas, fragilidade, características mais ou menos perigosas, perdas ou ganhos durante a transformação, grau de perecibilidade.
» As qualidades específicas de cada modal porque elas não são totalmente intercambiáveis e seus efeitos sobre a repartição das atividades industriais podem ser muitos variadas. Além disso, a firma é suscetível de integrar tudo ou parte dos meios de transporte que ela utiliza. (Firkowski; Sposito, 2008, p. 122)

Diante do exposto até aqui, é possível perceber que a localização industrial precisa ser pensada de maneira articulada e relacionada com movimento ou circulação das mercadorias. Segundo o pesquisador Razzolini Filho (2012, p. 69), transportar é deslocar alguma coisa através de uma via e de um meio de transporte, desde um ponto de origem até um ponto de destino. Ainda conforme o autor, para funcionar a contento, é necessário "disponibilizar os produtos no local e no momento em que são necessários ou desejados pelos clientes".

No tocante à realidade brasileira, os sistemas de transporte iniciaram-se nos tempos coloniais no sentido leste-oeste, ou seja, da costa marítima para o interior do continente. Essa herança dos portugueses ainda está presente na infraestrutura de transportes do Brasil (Razzolini Filho, 2012). Atualmente, de acordo com dados Fornecidos pela Ilos, a situação da logística do Brasil está distribuída da seguinte maneira: 62,8% de toda a carga transportada no Brasil usa o modal rodoviário, 21% passam por ferrovias, 12,6% pelas hidrovias e terminais portuários e fluviais e marítimos e 3,6% pelo modal aeroviário Ilos, 2018). Essa distribuição por modal tem uma justificativa que será apresentada no decorrer deste capítulo.

A seguir, veremos como se organiza o espaço brasileiro em relação à logística dos principais modais de transportes utilizados pelas indústrias, tanto para o transporte de matérias-primas como para o transporte de produtos processados.

6.2 Transporte aquaviário

O **transporte aquaviário** é o transporte realizado pela água por meio de embarcações. Pode ser classificado em três categorias: transporte marítimo (utiliza-se dos mares), fluvial (utiliza-se dos rios) e lacustre (utiliza-se dos lagos).

Primeiramente, é importante esclarecer alguns conceitos fundamentais referentes aos tipos de portos e aos tipos de navegação. Considerando-se o responsável pela administração, destaca-se a categoria de porto organizado. Segundo a Agência Nacional de Transportes Aquaviários (Antaq), trata-se de

> porto construído e aparelhado para atender às necessidades da navegação e da movimentação e armazenagem de mercadorias, concedido ou explorado pela União, cujo tráfego e operações portuárias estejam sob a jurisdição de uma autoridade portuária. As funções do porto organizado são exercidas, de forma integrada e harmônica, pela Administração do Porto, denominada autoridade portuária, e as autoridades aduaneira, marítima, sanitária, de saúde e de polícia marítima. (Antaq, 2018b)

Segundo a Antaq, existem 235 instalações portuárias no Brasil, que estão distribuídas pelo litoral brasileiro e pelos principais rios navegáveis. Desse número, 37 são portos organizados (Mapa 6.1). Os nove principais portos, em relação aos fluxos de mercadorias, são os das cidades de Santos (SP), Paranaguá (PR), Rio de Janeiro (RJ), Itajaí (SC), Vitória (ES), Rio Grande (RS), São Francisco do Sul (SC), Salvador (BA) e Manaus (AM). No Brasil, os portos, tanto públicos como privados, são importantes fixos geográficos de escoamento de mercadorias, que geram os fluxos de circulação de mercadorias produzidas pelas indústrias.

Mapa 6.1 - Principais portos organizados do Brasil

Base cartográfica: Atlas geográfico escolar / IBGE – 7. ed. Rio de Janeiro: IBGE, 2016. pág. 90. Adaptado.

Fonte: Antaq, 2018a.

Os portos também são classificados de acordo com os tipos de embarcações que recebem. A Resolução Antaq n. 2.969, de 4 de julho de 2013, define a classificação dos portos em:

> I - **PORTOS MARÍTIMOS** são aqueles aptos a receber linhas de navegação oceânicas, tanto em navegação de longo curso (internacionais) como em navegação

de cabotagem (domésticas), independente da sua localização geográfica;

II - **PORTOS FLUVIAIS** são aqueles que recebem linhas de navegação oriundas e destinadas a outros portos dentro da mesma região hidrográfica, ou com comunicação por águas interiores; e

III - **PORTOS LACUSTRES** são aqueles que recebem embarcações de linhas de dentro de lagos, em reservatórios restritos, sem comunicação com outras bacias. (Antaq, 2013)

De forma geral, os portos marítimos estão distribuídos pelos 7.491 quilômetros de extensão do litoral brasileiro (Mapa 6.1). Entretanto, é importante destacar que o Porto de Manaus, apesar de estar geograficamente localizado em um rio, é considerado um porto marítimo. Os portos fluviais estão distribuídos pelas bacias hidrográficas, que serão abordadas adiante.

Importante!

O transporte marítimo é o principal meio utilizado para o deslocamento de mercadorias no comércio mundial, tanto no fluxo de importação como no fluxo de exportação. 80% do comércio mundial é transportado via marítima.

Esse dado indica o papel que o mar assume na distribuição dos produtos em escala mundial. Se consideramos que mais de dois terços dos produtos comercializados entre países passam pelo mar, fica evidente o poder marítimo nas relações econômicas em escala global.

O domínio do transporte marítimo sobre os outros modais que poderiam ser usados no comércio exterior merece atenção, já que não é o transporte mais rápido entre os modais disponíveis. Por exemplo: para ir da China à Bélgica, são necessários em torno de 30 a 40 dias de navegação, enquanto na via ferroviária é possível efetuar o transporte em 20 dias e na via aérea em apenas 1 dia. Então, apesar de o transporte marítimo não ser o mais rápido e nem o mais barato, apresenta características marcantes que o tornaram um meio importante na circulação de produtos no mundo. Os fatores que levaram a esse gigantismo são:

» Princípio de livre circulação garantido na Convenção sobre o Direito do Mar, na Convenção de Montego. Segundo Menezes (2015), esse documento prevê liberdade de circulação aos navios comerciais.

» Os contêineres são padronizados e isso facilita o trabalho de movimentação das mercadorias, pois podem ser empilhados e desfeitos sem grandes problemas.

» Cada contêiner pode transportar diferentes tipos de mercadorias – material que requer refrigeração, matéria-prima bruta, produtos industrializados, produtos semi-industrializados. Isso amplifica a variação de produtos que podem ser transportados. Para a indústria, essa característica é essencial.

» É possível passar de um modal de transporte a outro sem grandes transtornos (por exemplo: do marítimo para o terrestre, do marítimo para o aéreo). A transferência do modal só depende da infraestrutura local.

» A capacidade de transporte de um porta-contêiner é de 18 mil vagões de trem e/ou mil aviões, ou seja, o porta-contêiner carrega muita mercadoria em apenas uma viagem (se ele estiver cheio, claro!).

» Em linhas gerais, o transporte marítimo tem uma economia de escala bem competitiva, o que faz com que o preço seja relativamente mais baixo em relação aos outros modais, dependendo do tipo de mercadoria.

O transporte marítimo permite gerar fluxos de mercadorias e informações que constroem novas redes e cadeias de fornecimento. No caso brasileiro, a dinâmica marítima é concentrada nos portos do Sul e do Sudeste, sendo que esta última é responsável pela maioria dos fluxos de comércio exterior praticados pelo Brasil. Também é a região onde se concentra a maior parte da população brasileira. Os fluxos gerados são de granéis sólidos e líquidos e também de produtos industriais[i].

No que concerne à logística do transporte no Brasil, os portos servem primariamente como vias de saída de *commodities*, sobretudo de soja, minério de ferro, petróleo e seus derivados, que estão entre os principais produtos da exportação brasileira. Com relação à soja, destacam-se os portos de Itacoatiara (AM), Paranaguá (PR), Rio Grande (RS), Salvador (BA), Santarém (PA), São Francisco do Sul (SC) e o Porto de Itaqui (MA) (IBGE, 2018e).

Os combustíveis e derivados de petróleo se destacam em diversos terminais do Nordeste, especialmente Aratu – Candeias (BA), Itaqui (MA), Fortaleza (CE), Suape – Ipojuca (PE), Maceió (AL) e São Gonçalo do Amarante – Pecém (CE). Os portos que mais movimentam minério de ferro são os terminais privados de Ponta da Madeira, da Vale S.A., em São Luís (MA), e de Tubarão, em Vitória (ES). O primeiro recebe principalmente a produção da Serra de Carajás, no Pará; o segundo está associado à produção de Minas Gerais (IBGE, 2018e).

---

i. O fluxo de mercadorias do comércio exterior é movimentado por indústrias de diversos portes. As empresas multinacionais (transacionais) são as protagonistas.

A maior quantidade de carga movimentada nos portos organizados do país está localizada no Porto de Santos (SP), em razão da sua posição estratégica. Esse porto movimenta, em grande escala, carga geral armazenada e transportada em contêiner. Ele é o ponto de escoamento da produção com maior valor agregado que segue para outras regiões do país, bem como para exportação, além de ser o local de desembarque mais próximo ao maior centro consumidor do país, onde se destaca a Grande São Paulo (IBGE, 2018e).

Como já mencionado, o transporte fluvial é um tipo de transporte aquaviário. Podemos dizer que, no Brasil, essa modalidade "parou no tempo". De todo modo, ela teve sua importância durante o período colonial; a navegação nos rios, via pequenas embarcações, foi primordial na expansão do território brasileiro e também na exploração e movimentação de recursos naturais que eram direcionados para a colônia.

Atualmente, o Brasil possui uma grande rede hidroviária, com cerca de 43 mil km de rios, dos quais 28 mil km são navegáveis, mas apenas 10 mil km de hidrovias são utilizados (Padula, 2008).

A classificação usado pelo Ministério dos Transportes divide as regiões hidrográficas da seguinte forma: Amazônica, Tocantins, Atlântico Nordeste Ocidental, Parnaíba, Atlântico Nordeste Oriental, São Francisco, Atlântico Leste, Atlântico Sudeste, Atlântico Sul, Uruguai, Paraná e Paraguai. Na sequência, veremos algumas das principais hidrovias do Brasil.

» **Bacia Amazônica**: é a maior bacia do mundo em extensão. Compreende as "Hidrovias do Madeira, Solimões, Tapajós e Teles Pires, tendo como principais características a movimentação de petróleo e derivados, gás natural, produto florestal, passageiros, transporte de granéis sólidos (grãos e minérios) e carga geral" (Pereira; Lendzion, 2013, p. 131). Os principais terminais portuários nessa região são: Caracaraí (RR), Tabatinga (AM), Maués (AM), Barcelos (AM), Coari (AM), Itacoatiara (AM), Parintins (AM), Óbidos (PA), Santarém (PA), Altamira (PA) e Itaituba (PA).

Mapa 6.2 – Bacia Amazônica

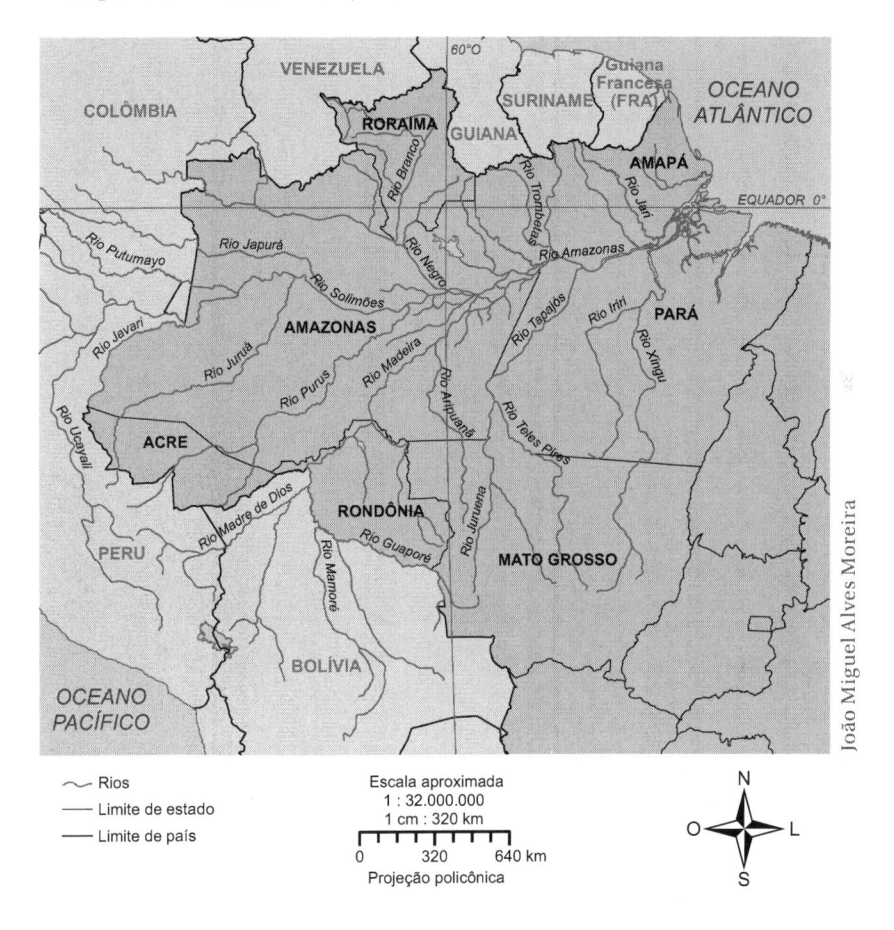

Fonte: Brasil, 2018d.

» **Bacia do Nordeste:** "abrange as aquavias do Parnaíba, Itapecuru, Mearim e Pindaré. De pequeno porte, mas com potencial para movimentação de volume considerável de mercadorias destinadas à economia de subsistência" (Pereira; Lendzion, 2013, p. 131). Os principais terminais portuários são: Alto Alegre, Pindaré-Mirim e Alcântara.

Mapa 6.3 – Bacia do Nordeste

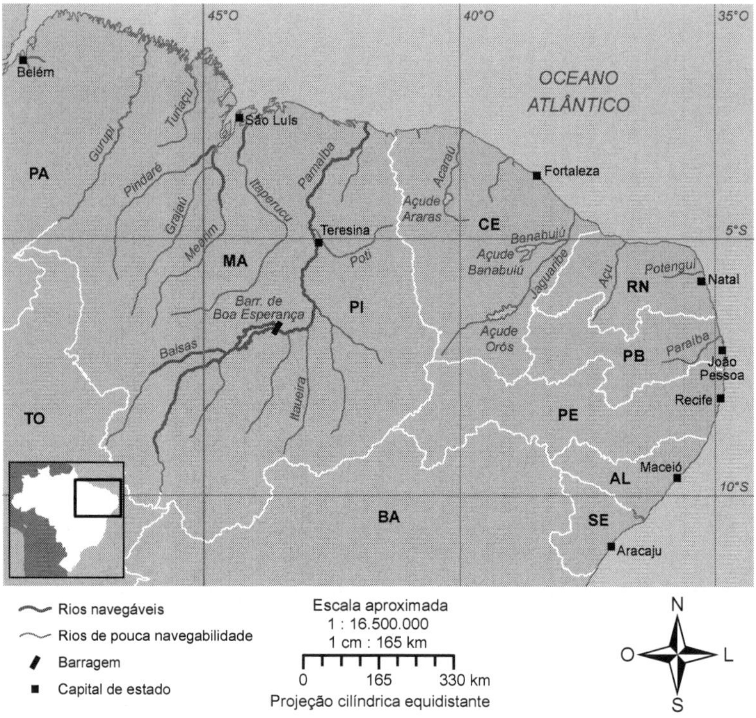

Fonte: Brasil, 2018d.

» **Bacia do Tocantins e Araguaia**: "a movimentação de cargas é ainda incipiente, uma vez que as condições de navegabilidade se estendem apenas por um período do ano, e as obras necessárias para viabilizar a implantação definitiva da Aquavia estão, hoje, na dependência do licenciamento ambiental" (Pereira; Lendzion, 2013, p. 131). Os principais portos fluviais nessa bacia estão no Rio das Mortes/Araguaia – Nova Xavantina,

Água Boa, Conceição do Araguaia e Santa Terezinha – e no Rio Tocantins – Imperatriz, Porto Nacional, Porto de Palma, Miracema do Tocantins, Porto Franco. Os dois rios formam a Hidrovia do Tocantins e unem-se próximo a São João do Araguaia.

Mapa 6.4 - Bacia do Tocantins

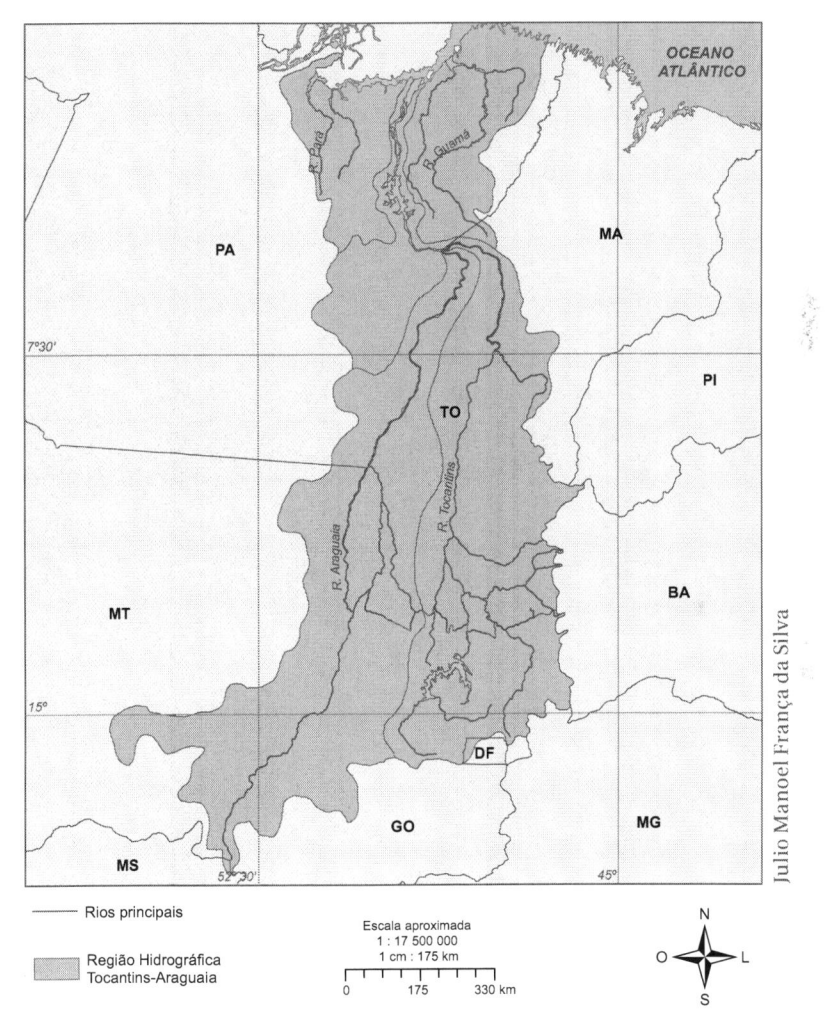

Fonte: Brasil, 2018d.

» **Bacia do São Francisco**: "através da Aquavia do São Francisco se transportam cargas de soja em grãos, milho, gipsita, farelo de soja, algodão, polpa de tomate e manganês destinados principalmente à região Nordeste" (Pereira; Lendzion, 2013, p. 131). Os principais portos fluviais nessa região são: Januária (MG), Ibotirama (BA), Barreiras (BA), Juazeiro (BA) e Petrolina (PE).

Mapa 6.5 – Bacia do São Francisco

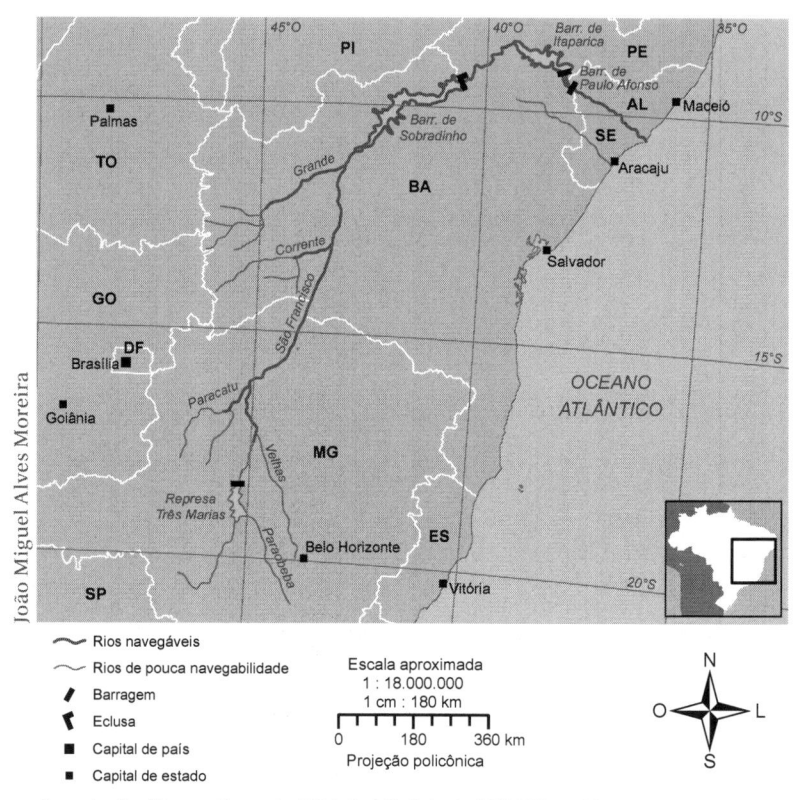

Base cartográfica: Atlas geográfico escolar / IBGE – 7. ed. Rio de Janeiro: IBGE, 2016. pág. 90. Adaptado.

Fonte: Brasil, 2018d.

» **Bacia do Paraná**: "as principais cargas transportadas na Aquavia Tietê-Paraná são: granel sólido, carga geral e granel líquido" (Pereira; Lendzion, 2013, p. 131). Os principais portos fluviais nessa bacia são: São Simão (GO), Presidente Epitácio (SP), Panorama (SP), Pederneiras (SP) e Anhemi (SP).

Mapa 6.6 – Bacia Tietê-Paraná

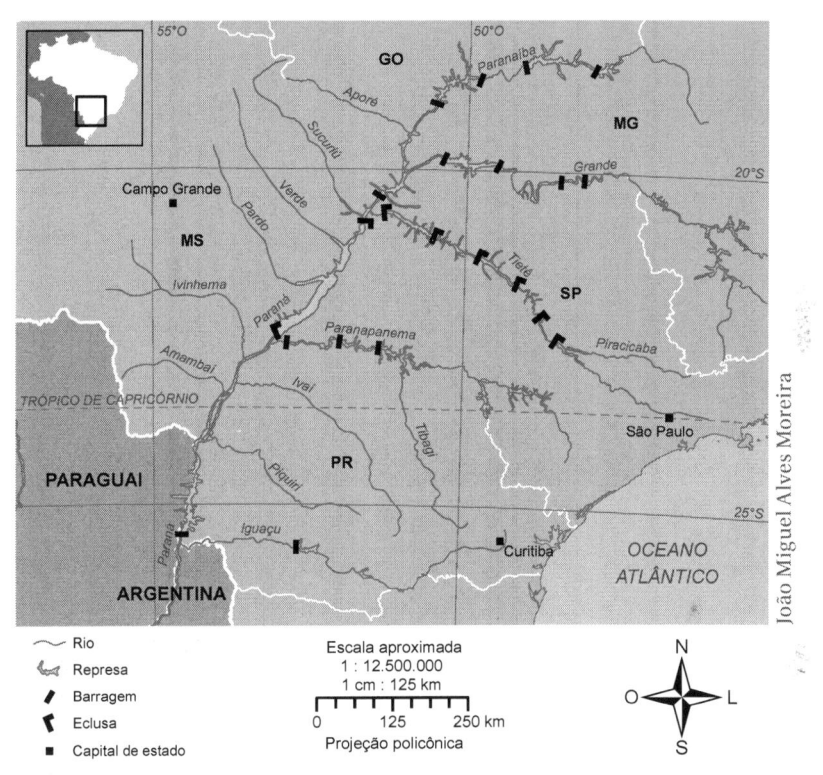

Base cartográfica: Atlas geográfico escolar / IBGE – 7. ed. Rio de Janeiro: IBGE, 2016. pág. 90. Adaptado.

Fonte: Brasil, 2018d.

» **Bacia do Paraguai**: "cargas de soja granulada, reses, cimento, minério de ferro granulado, minério de manganês, fumo e farelo de soja são cargas transportadas pela Hidrovia do Paraguai, que tem um programa de dragagens periódico para que ofereça navegabilidade e segurança" (Pereira; Lendzion, 2013, p. 131). Os portos presentes nessa hidrovia são: Corumbá-Ladário, Porto Murtinho, Manga e Porto Cercado.

Mapa 6.7 – Bacia do Paraguai

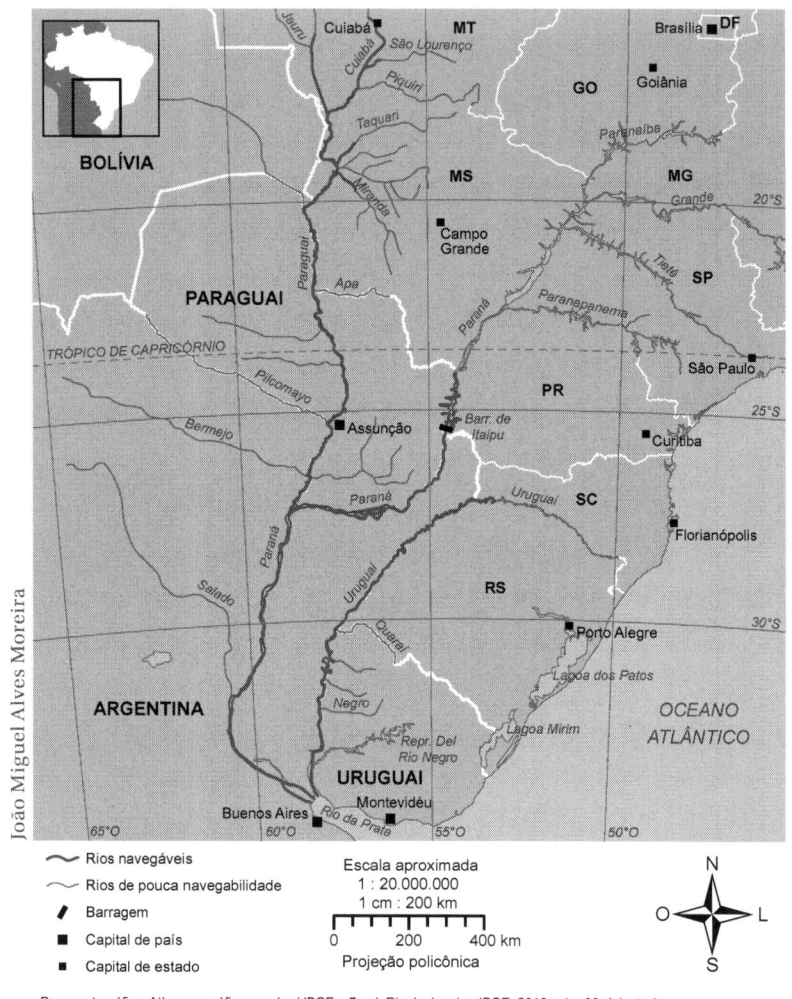

Base cartográfica: Atlas geográfico escolar / IBGE – 7. ed. Rio de Janeiro: IBGE, 2016. pág. 90. Adaptado.

Fonte: Brasil, 2018d.

Quanto às hidrovias brasileiras, é importante destacar que a navegação interior é fundamental sobretudo na Região Norte (Tabela 6.1), tendo participação relativa nas demais regiões por causa da rigidez operacional e/ou da baixa adequação geoeconômica e ambiental. Ou seja, o transporte em rios é possível em regiões sem grandes desníveis, sem corredeiras e cujo canal tenha uma profundidade razoável.

Tabela 6.1 – Movimentação de cargas por bacias (2000-2002) – em toneladas

Hidrovias	Movimentação 2000(t)	Movimentação 2001(t)	Movimentação 2002(t)	Variação do Biênio 2000/2001	Variação no Biênio 2001/2002	Variação no Triênio 2000/2002
Bacia Amazônica – Amazônia Ocidental	4.246.636	4.780.884	7.689.270	12,60%	60,80%	81,00%
Bacia Amazônica – Amazônia Oriental	13.718.530	15.980.257	15.980.257	16,40%	0,0%	16,40%
Bacia do Nordeste	187.180	211.359	205.144	12,91%	–6,21	9,59%
Bacia do São Francisco	58.766	60.631	75.009	3,17%	23,71%	27,64%
Bacia do Tocantins – Araguaia	2.400	0	0	–	–	–
Bacia do Paraguai	1.911.326	1.632.521	2.178.744	–14,59%	33,46%	13,99%
Bacia do Tietê Paraná	1.531.920	1.991.600	2.042.522	30,01%	2,56%	33,33%
Bacia do Sudeste	407.139	638.769	642.538	56,89%	0,59%	57,82%
Total	22.063.897	25.296.021	28.813.484	14,65%	13,91%	30,59

Fonte: Padula, 2008, p. 143.

Os rios navegáveis requerem intervenções, como dragagem, construção de terminais, represamento, construção de eclusas e canais para rios sinuosos (Padula, 2008). Portanto, é preciso fazer investimentos para que esse modal seja explorado economicamente, além de providenciar a regularização de todas as licenças ambientais exigidas.

6.3 Transporte aeroviário

A aviação representou uma grande evolução tecnológica, afinal, o transporte aéreo deu agilidade e rapidez ao mundo moderno. Sob o ponto de vista da logística, é o que mais contribui para a redução do tempo/espaço, pois é capaz de percorrer longas distâncias rapidamente. O transporte aéreo tem peculiaridades, como a rapidez, a comodidade e a segurança, se comparado aos demais modais. Por isso, é o modal ideal para transporte de materiais perecíveis, de alto valor agregado, cargas de pequenos volumes e de pouco peso. Alguns exemplos são produtos alimentícios perecíveis que requerem refrigeração, como iogurtes, produtos de emergência médico-hospitalar (órgãos humanos e medicação específica), além de produtos como joias, de alto valor agregado.

Nesse contexto, vemos que a aviação no Brasil tem crescido nos últimos anos. Surgiram novas companhias aéreas, houve modernização de frotas e o aumento do número de voos e assentos para os usuários. Consequentemente, novos fluxos na rede de transporte aéreo foram incorporados. Entretanto, o transporte de carga ainda é tímido.

Entre os principais aeroportos com terminal de cargas, destacamos: São Paulo, Campinas, Rio de Janeiro, Porto Alegre, Belo Horizonte (Confins), Manaus, Brasília, Curitiba, Salvador e Recife. O Aeroporto Internacional de São Paulo, mais conhecido como Aeroporto de Guarulhos (embora seu nome oficial seja Aeroporto Internacional André Franco Montoro), está localizado nas proximidades da capital paulista. Ele é o maior e mais movimentado aeroporto do país, sendo que grande parte dessa movimentação se deve ao tráfego comercial e popular. Guarulhos é o principal fixo envolvendo aeroportos do Brasil. Ele faz conexão com outras capitais brasileiras e também com cidades estrangeiras.

Um estudo desenvolvido pelo Instituto Brasileiro de Geografia e Estatística (IBGE) mostra que os fluxos aéreos de carga dentro do território brasileiro são concentrados nos aeroportos próximos à capital paulista. Destacam-se as linhas São Paulo/Manaus, São Paulo/Fortaleza e São Paulo/Brasília. O estudo aponta que, embora o transporte de cargas seja pouco utilizado, a ligação de São Paulo/Manaus abarcou mais de 20% do total da carga transportada em 2010 (IBGE, 2018e).

Na escala internacional (os fluxos de comércio exterior), o aeroporto que se destaca na circulação de mercadorias é o Aeroporto Internacional de São Paulo, que ocupa o primeiro lugar no *ranking* de aeroportos que mais exportam produtos. Em segundo lugar aparece Campinas, que é o maior terminal de cargas do Brasil e da América do Sul, seguido do Aeroporto do Rio de Janeiro.

Considerando-se o fluxo de importação, em primeiro aparece Campinas, seguido de São Paulo e Manaus. Apesar do terceiro lugar, Manaus se destaca em virtude do polo industrial regional na Zona Franca, que incentiva a movimentação de cargas na Região Norte.

Segundo o Ministério da Indústria, Comércio Exterior e Serviços – MDIC – (Brasil, 2018a), a quantidade de carga transportada em 2015 via transporte aéreo internacional com destino ao Brasil foi de 236.656 toneladas, sendo a principal origem dos fluxos os Estados Unidos, a China, a Alemanha, a Coreia do Sul e a França. Em termos de carga com origem no Brasil (exportação), em 2015, em relação ao valor FOB[ii], o principal destino foram os Estados Unidos, seguidos do Reino Unido e da Suíça.

6.4 Transporte terrestre

Como vimos no início deste capítulo, no Brasil há uma predominância do uso do modal rodoviário no descolamento de mercadorias. A concentração ocorre principalmente no Centro-Sul, em especial no Estado de São Paulo. Segundo Razzolini Filho (2012, p. 132), a malha rodoviária instalada no país (estradas) representa "cerca de 20% do total do território. A malha rodoviária é bem distribuída e tornou-se uma opção disponível para o transporte de cargas em função da cobertura desse modal". Um dos problemas atuais é que apenas 12,89% das estradas são pavimentadas, o que significa que as condições das vias são precárias e muitas vezes perigosas (Tabela 6.2).

---

ii. FOB é um dos *Incoterms* utilizados no comércio exterior e que significa *free on board* (em português, "livre a bordo"). É uma referência usada internacionalmente para estabelecer o valor e as responsabilidades relativas aos fluxos de mercadorias entre os países.

Tabela 6.2 - Extensão das estradas por estado

Região		UF	Planejada	REDE DO SNV - TOTAL									
				Rede não pavimentada					Rede pavimentada				
				Leito natural	Em obras implant.	Implant.	Em obras paviment.	Sub-total	Pista simples	Em obras duplic.	Pista dupla	Sub-total	Total
Norte	RO	Rondônia	4.243,6	7.058,5	0,0	12.641,5	265,2	19.965,2	3.170,9	0,0	50,3	3.221,2	27.430,0
	AC	Acre	443,7	4.673,5	326,2	2.027,6	291,4	7.318,7	1.460,3	0,0	37,9	1.498,2	9.260,6
	AM	Amazonas	8.405,4	311,6	0,0	3.370,9	151,8	3.834,3	2.154,2	0,0	2,8	2.157,0	14.396,7
	RR	Roraima	778,7	534,2	0,0	5.486,6	61,5	6.082,3	1.444,5	0,0	17,2	1.461,7	8.322,7
	PA	Pará	6.210,7	19.057,1	3.951,3	6.138,1	1.770,6	30.917,1	5.668,1	0,0	70,6	5.738,7	42.866,5
	AP	Amapá	4.937,0	148,0	126,5	1.481,0	13,8	1.769,3	528,1	0,0	0,0	528,1	7.234,4
	TO	Tocantins	7.437,8	22.502,9	0,0	102,4	979,0	23.584,3	7.209,1	0,0	70,9	7.280,0	38.302,1
	Sub-total		32.456,9	54.285,8	4.404,0	31.248,1	3.533,3	93.471,2	21.635,2	0,0	249,7	21.884,9	147.813,0
Nordeste	MA	Maranhão	3.370,8	35.144,0	0,0	12.399,4	398,0	47.941,4	6.706,4	40,3	84,6	6.831,3	58.143,5
	PI	Piauí	4.531,2	43.060,8	65,0	6.042,2	871,2	50.039,2	7.453,3	16,0	48,5	7.517,8	62.088,2
	CE	Ceará	2.409,6	37.593,7	80,9	4.807,3	405,0	42.886,9	8.263,5	151,5	230,3	8.645,3	53.941,8
	RN	Rio Grande do Norte	618,8	21.928,4	12,1	871,6	79,9	22.892,0	4.394,5	23,5	152,1	4.570,1	28.080,9

(continua)

(Tabela 6.2 – continuação)

Região	UF		Planejada	Rede não pavimentada					Rede pavimentada					Total
				Leito natural	Em obras implant.	Implant.	Em obras paviment.	Sub-total	Pista simples	Em obras duplic.	Pista dupla	Sub-total		
Nordeste	PB	Paraíba	401,6	29.831,2	0,0	596,6	694,7	31.122,5	3.503,9	2,9	280,8	3.787,6		35.311,7
	PE	Pernambuco	851,8	34.626,0	0,0	2.269,0	168,4	37.063,4	6.395,8	123,4	495,3	7.014,5		44.929,7
	AL	Alagoas	1.845,7	10.633,2	0,0	8,0	103,4	10.744,6	2.081,4	193,0	109,1	2.383,5		14.973,8
	SE	Sergipe	380,4	2.936,0	0,0	0,0	75,4	3.011,4	2.011,4	77,6	187,0	2.276,0		5.667,8
	BA	Bahia	14.491,9	95.270,0	0,0	15.288,7	1.121,8	111.680,5	16.038,4	69,8	176,3	16.284,5		142.456,9
	Sub-total		28.901,8	311.023,3	158,0	42.282,8	3.917,8	357.381,9	56.848,6	698,0	1.764,0	59.310,6		445.594,3
Sudeste	MG	Minas gerais	9.195,6	230.849,7	0,0	12.526,9	1.711,7	245.088,3	24.394,6	211,9	1.244,0	25.850,5		280.134,4
	ES	Espírito Santo	1.186,8	26.281,6	28,4	135,0	315,1	26.760,1	3.803,1	0,0	132,2	3.935,3		31.882,2
	RJ	Rio de Janeiro	2.749,5	14.456,4	0,0	923,8	9,3	15.389,5	6.600,5	0,0	777,4	7.377,9		25.516,9
	SP	São Paulo	6.354,5	163.734,0	0,0	895,8	88,4	164.718,2	21.837,2	61,6	3.078,7	24.977,5		196.050,2
	Sub-total		19.486,4	435.321,7	28,4	14.481,5	2.124,5	451.956,1	56.635,4	273,5	5.232,3	62.141,2		533.583,7

(Tabela 6.2 - conclusão)

Região	UF		Planejada	Rede não pavimentada					Rede pavimentada				Total
				Leito natural	Em obras implant.	Implant.	Em obras paviment.	Sub-total	Pista simples	Em obras duplic.	Pista dupla	Sub-total	
Sul	PR	Paraná	5.672,7	4,8	41,2	96.555,4	1.441,7	98.043,1	18.375,2	29,6	1.176,6	19.581,4	123.297,2
	SC	Santa Catarina	46.740,5	53.938,8	0,0	71,2	269,3	54.279,3	6.557,0	109,6	389,5	7.056,1	108.075,9
	RS	Rio Grande do Sul	5.732,2	116.945,0	0,0	21.693,2	1.125,4	139.763,6	10.501,6	300,6	555,1	11.357,3	156.853,1
	Sub-total		58.145,4	170.888,6	41,2	118.319,8	2.836,4	292.086,0	35.433,8	439,8	2.121,2	37.994,8	388.226,2
Centro-Oeste	MT	Mato Grosso	5.490,3	26.456,4	48,0	576,0	986,4	28.066,8	8.239,1	99,6	147,8	8.486,5	42.043,6
	MS	Mato Grosso do Sul	2.619,3	46.521,7	0,0	73.71,7	739,4	54.632,8	7.845,1	11,5	125,1	7.981,7	65.233,8
	GO	Goiás	9.988,3	69.557,0	0,0	3.184,0	1.144,0	73.885,0	11.553,7	57,8	1.149,1	12.760,6	96.633,9
	DF	Distrito Federal	220,9	0,0	0,0	498,3	0,0	498,3	554,5	0,0	353,5	908,0	1.627,2
	Sub-total		18.318,8	142.535,1	48,0	11.630,0	2.869,8	157.082,9	28.192,4	168,9	1.775,5	30.136,3	205.538,5
	Brasil		157.309,3	1.114.054,5	4.679,6	217.962,2	15.281,8	1.351.978,1	198.745,4	1.580,2	11.142,7	211.468,3	1.720.755,7

Fonte: Dnit, citado por Engenharia Rodoviária, 2018.

Importante!

A relação entre a industrialização e as rodovias brasileiras revela um jogo tanto político como econômico bem marcante: de um lado, temos o desenvolvimento da indústria a partir da década de 1930 e, do outro, a expansão automobilística.

Segundo Becker e Egler (1998), o Brasil, antes do processo de industrialização, era considerado um arquipélago mercantil, pois existiam poucas vias de acesso que interligavam as diferentes regiões do território brasileiro. Com a industrialização nacional a partir da década de 1930, surgiu a necessidade de integração do mercado interno, maiores investimentos nos meios de transportes e conexão com as diferentes regiões por meio da construção de uma malha rodoviária mais densa e extensa ligando diferentes estados.

A expansão da indústria automobilística teve início na década de 1950, quando o preço dos combustíveis (derivados do petróleo) era mais baixo. Nessa época, o presidente Juscelino Kubitschek realizou duas grandes ações que interferiram no sistema rodoviário: a primeira foi a transferência da capital federal para Brasília, no Centro-Oeste. A segunda foi o incentivo à industrialização, inclusive a indústria automobilística, como elemento estratégico de seu governo.

Somando o incentivo de instalação das fábricas automobilística e o valor propício da gasolina, faltava apenas um plano nacional para a construção de estradas. Então, por meio do Decreto-Lei n. 142, de 2 de fevereiro de 1967, foi elaborado o Plano Nacional de Viação, que organizou as vias rodoviárias mediante estipulação de regras de nomenclatura das rodovias federais.

Importante!

A **primeira regra** é que todas as rodovias federais devem ter a sigla BR mais três algarismos. A **segunda regra** é que o primeiro algarismo se refere à categoria das rodovias. Os demais algarismos definem a posição geográfica da rodovia em relação à capital federal e aos limites do Brasil.

As rodovias radiais (Mapa 6.8) são rodovias que partem da capital federal (Brasília) em direção aos extremos do país. A nomenclatura padrão utilizada é BR-0XX, ou seja, toda rodovia federal que começa com o algarismo 0 tem a trajetória com início em Brasília.

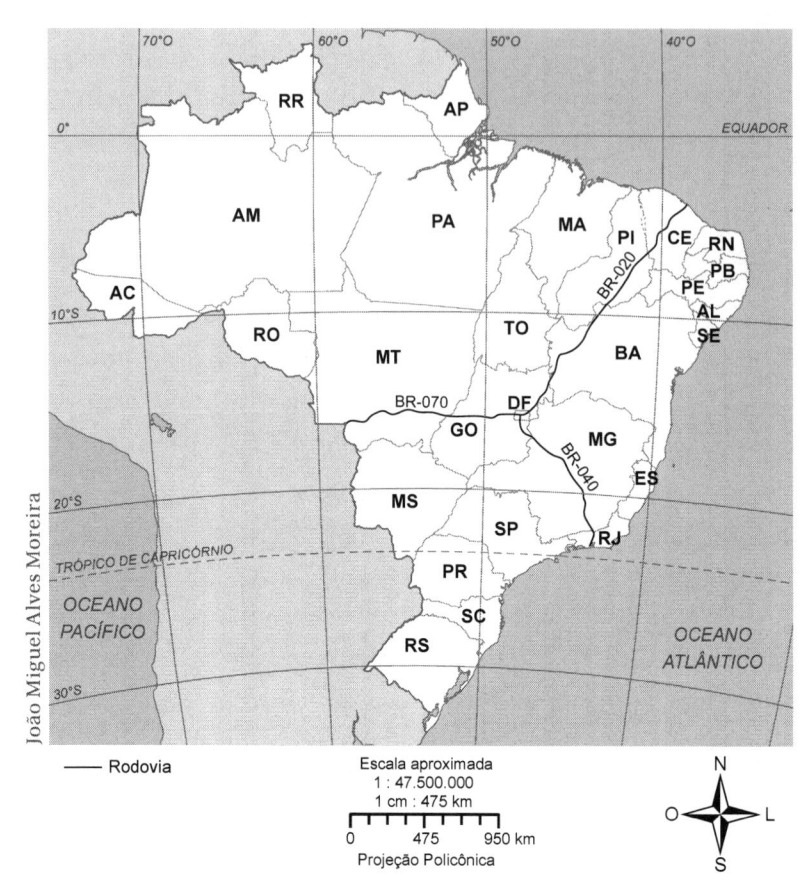

Mapa 6.8 - Rodovias radiais

Base cartográfica: Atlas geográfico escolar / IBGE – 7. ed. Rio de Janeiro: IBGE, 2016. pág. 90. Adaptado.

Fonte: Brasil, 2017.

As rodovias longitudinais (Mapa 6.9) seguem o sentido da longitude, que é a distância em relação ao meridiano de Greenwich medida ao longo do Equador. A nomenclatura utilizada nas rodovias longitudinais é BR-1XX, ou seja, toda rodovia federal que começa com o algarismo 1 corta o país na direção norte-sul.

Mapa 6.9 – Rodovias longitudinais

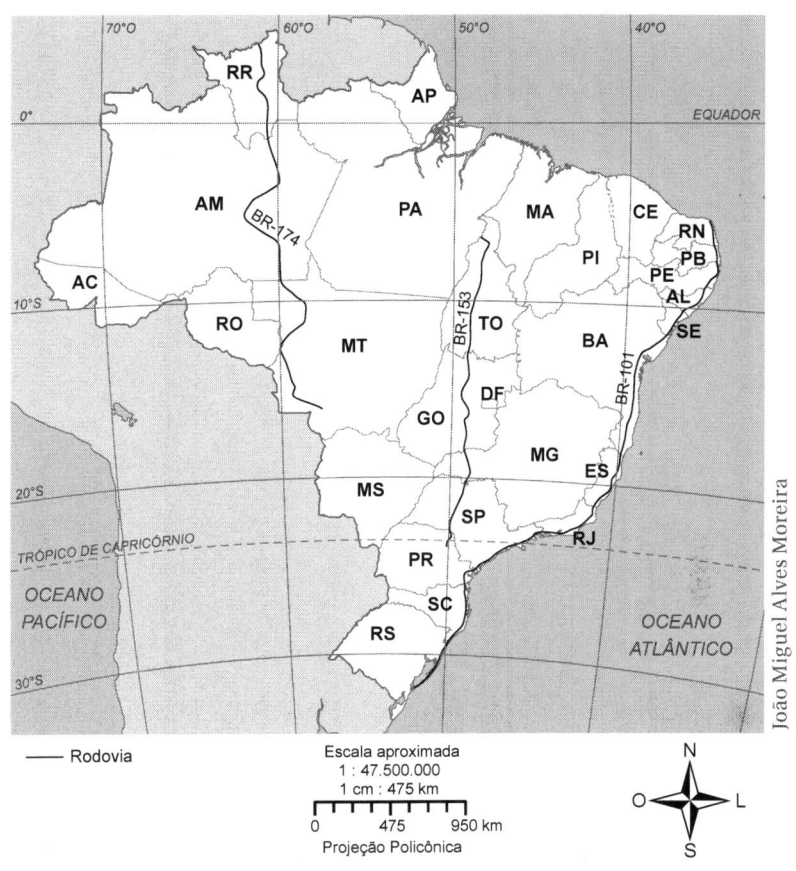

Base cartográfica: Atlas geográfico escolar / IBGE – 7. ed. Rio de Janeiro: IBGE, 2016. pág. 90. Adaptado

Fonte: Brasil, 2017.

As rodovias federais transversais (Mapa 6.10) foram construídas na direção leste-oeste. A nomenclatura utilizada é BR-2XX, ou seja, toda rodovia federal que começa com o algarismo 2 corta o país na direção leste-oeste.

Mapa 6.10 – Rodovias transversais

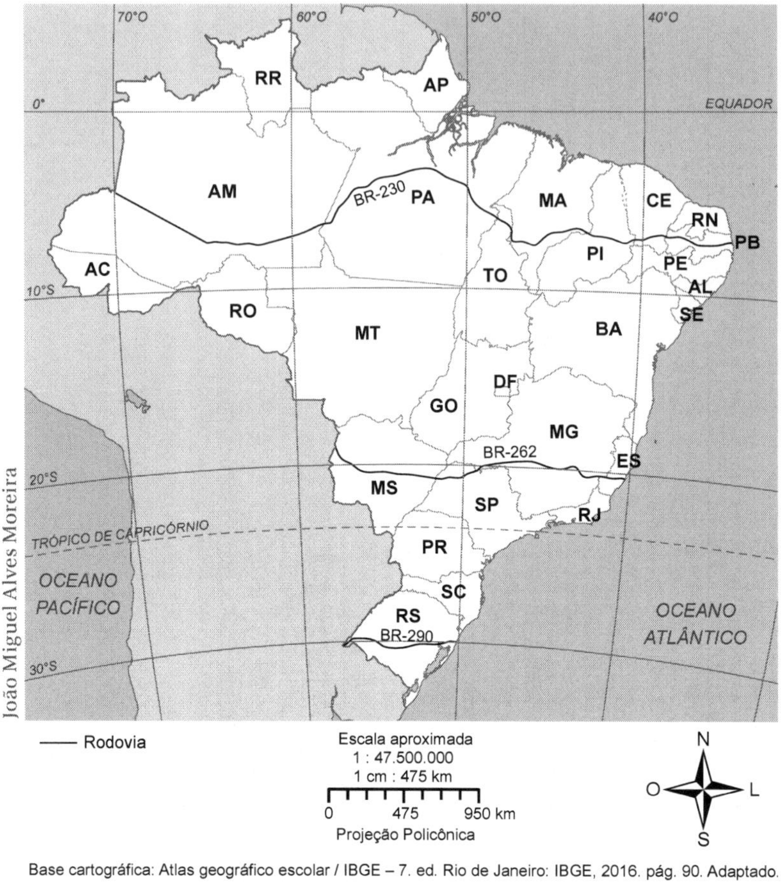

Base cartográfica: Atlas geográfico escolar / IBGE – 7. ed. Rio de Janeiro: IBGE, 2016. pág. 90. Adaptado.

Fonte: Brasil, 2017.

Para as rodovias diagonais (Mapa 6.11), a nomenclatura utilizada é BR-3XX, ou seja, toda rodovia federal que começa com o algarismo 3 corta o país na direção noroeste-sudeste (direção NO-SE) ou nordeste-sudoeste (direção NE-SO).

Mapa 6.11 - Rodovias diagonais

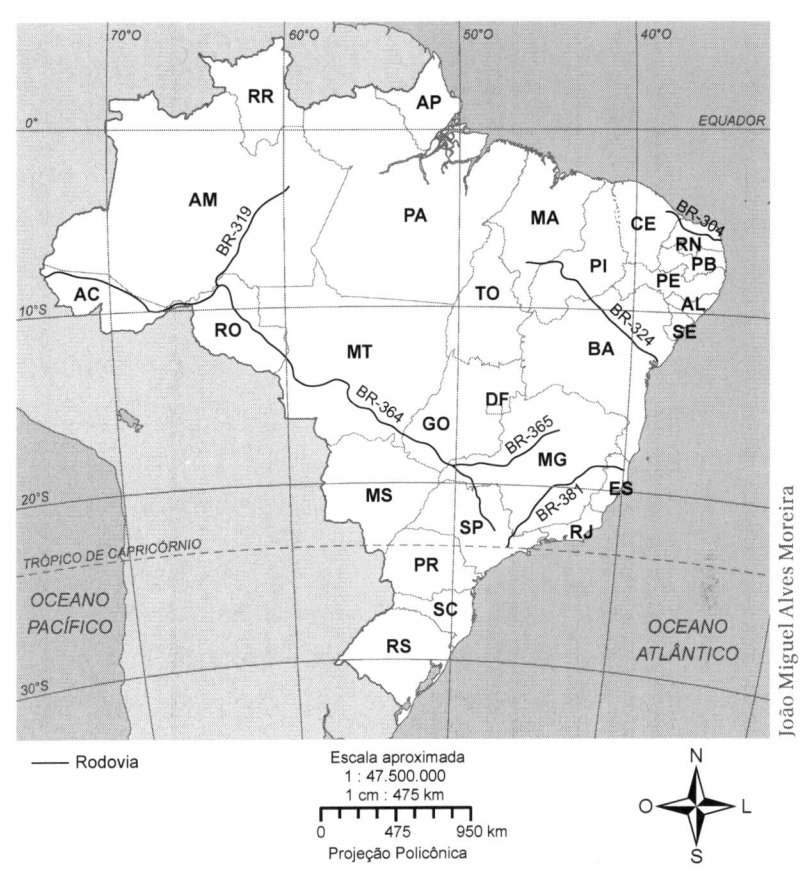

Base cartográfica: Atlas geográfico escolar / IBGE – 7. ed. Rio de Janeiro: IBGE, 2016. pág. 90. Adaptado.

Fonte: Brasil, 2017.

Nas rodovias de ligação, a nomenclatura utilizada é BR-4XX, ou seja, toda rodovia federal que começa com o algarismo 4 liga rodovias federais, cidades ou pontos importantes ou ainda dá acesso a nossas fronteiras internacionais.

Já apresentamos a tipologia das rodovias. Agora, veremos como se faz a localização do trajeto da rodovia federal. A regra é muito simples. Sempre se toma como referência a localização geográfica da capital federal do Brasil. Desse modo:

» As rodovias localizadas ao norte de Brasília terão uma sequência de algarismos que variam de 00 a 50.
» As rodovias localizadas ao sul de Brasília terão uma sequência de algarismos que variam de 50 a 99.
» As rodovias localizadas a leste de Brasília terão uma sequência de algarismos que variam de 00 a 50.
» As rodovias localizadas a oeste de Brasília terão uma sequência de algarismos que variam de 50 a 99.
» Para as rodovias radiais, a numeração varia de 00 a 95, no sentido horário.

Esse exercício de localização é importante para avaliar as oportunidades para se trabalhar com a multimodalidade, incluindo o transporte rodoviário com outro modal. O transporte rodoviário é imbatível no que concerne a pequenas cargas, permitindo o porta a porta, oferecendo frequência e disponibilidade, oferecendo maior velocidade quando as distancias são menores (Razzolini Filho, 2012). Assim, localizando-se o traçado da rodovia, é possível verificar quais são as possibilidades existentes para se chegar até os outros fixos geográficos usados na logística.

Outro tipo de transporte terrestre é o ferroviário, que no Brasil atual está longe de ser um modal comum para o transporte de produtos industriais. Esse fato difere do observado na história do país entre o século XIX e o início do século XX, quando a malha ferroviária acompanhou a expansão da produção de café no Estado de São Paulo, principalmente na região do oeste paulista. Os trens foram o meio de transporte fundamental para o escoamento do café, que era o principal produto agrícola que o Brasil exportava para os mercados externos.

Depois do ciclo do café, as ferrovias perderam sua importância relativa para o modal rodoviário. Assim, com o decorrer do tempo, grande parte da malha ferroviária tornou-se defasada em equipamentos e material rodante, sem grandes perspectivas de investimentos, com baixa capacidade de terminais e baixa velocidade de deslocamento. Os trechos pelos quais ainda se transportam mercadorias são usados para o transporte de *commodities*, como minério de ferro e grãos provenientes da agroindústria.

Segundo um estudo divulgado pelo IBGE sobre logística do transportes, as ferrovias mais importantes são:

> a Ferrovia Norte-Sul, que liga a região de Anápolis (GO) ao Porto de Itaqui, em São Luís (MA), transportando predominantemente soja e farelo de soja; a Estrada de Ferro Carajás, que liga a Serra dos Carajás ao Terminal Ponta da Madeira, em São Luís (MA), levando principalmente minério de ferro e manganês e a Estrada de Ferro Vitória-Minas, que carrega predominantemente minério de ferro para o Porto de Tubarão. (IBGE, 2018e)

O Mapa 6.12 destaca as ferrovias mais importantes do país.

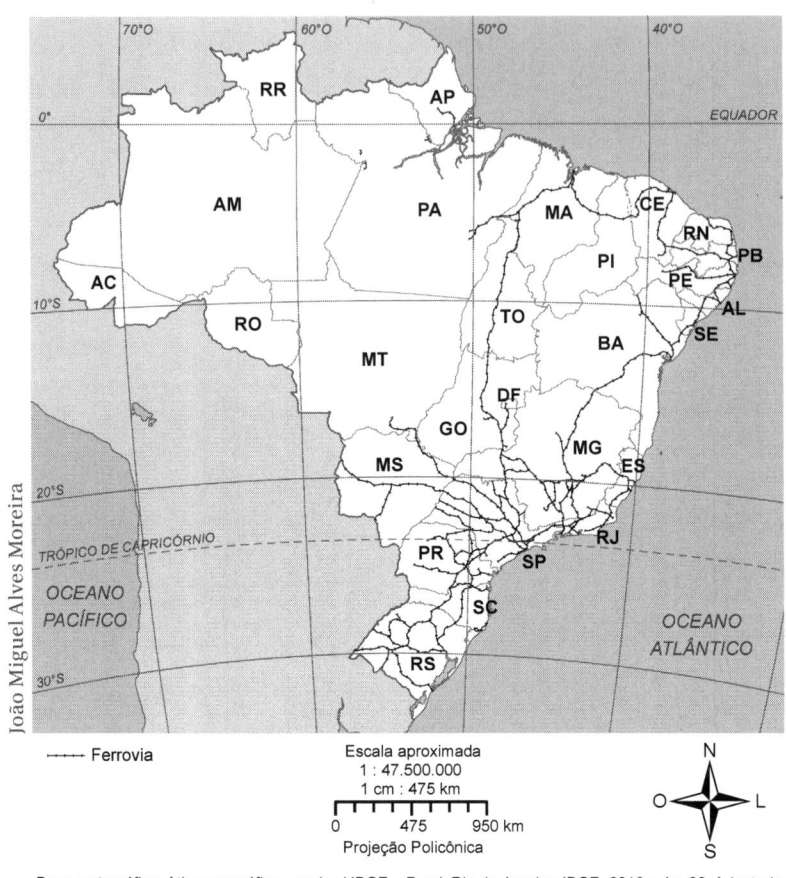

Mapa 6.12 – Mapa das ferrovias do Brasil

Base cartográfica: Atlas geográfico escolar / IBGE – 7. ed. Rio de Janeiro: IBGE, 2016. pág. 90. Adaptado.

Fonte: Brasil, 2018d.

O Instituto de Pesquisa Econômica Aplicada (Ipea) aponta que a extensão da malha ferroviária brasileira é de 28.276 km, ou seja, é muito pequena considerando-se o tamanho do Brasil – 8.515 milhões km² (Ipea, 2009).

A distribuição das ferrovias brasileiras tem duas características bem marcantes. A primeira é que, em termos de quilometragem, ela é bem reduzida em relação ao tamanho do Brasil. A segunda é que seu potencial é mal explorado, sendo deficiente em várias regiões. A malha ferroviária existente é concentrada nos estados de São Paulo, Minas Gerais e Rio Grande do Sul. A malha ferroviária internacional do Brasil tem conexão com a Argentina, no município de Uruguaiana/Paso de los Libres; com o Paraguai, em Encarnación/Posadas; e com o Uruguai.

É importante mencionar também os principais problemas da malha ferroviária nacional, que se referem a "(1) gargalos logísticos e operacionais, (2) problemas em áreas urbanas, (3) malhas dispersas e não integradas, com divisão de áreas regionais e dificuldade de circulação entre concessionárias e (4) diversidade de bitolas" (Padula, 2008, p. 96).

Como observa Padula (2008), é necessário que as ferrovias liguem a produção de todo o país aos portos, principalmente a produção agrícola colhida em regiões mais distantes. Os meios de transporte deveriam ser um instrumento para o desenvolvimento econômico do Brasil e a distribuição de produtos industriais. Atualmente, os produtos que são exportados mediante a utilização de portos e ferrovias são bens de baixo valor agregado e baixa intensidade tecnológica, como *commodities*.

Síntese

Neste capítulo, tratamos da relação entre o transporte e a indústria. O transporte é considerado um fator essencial na localização de uma indústria porque também está inserido de maneira ampla nos sistemas de produção. Vimos como se organiza o espaço brasileiro em relação à logística dos principais modais de transportes utilizados pelas indústrias, tanto para o transporte de matérias-primas como para o transporte de produtos processados.

Atividades de autoavaliação

1. Relacione os itens a seguir às informações correspondentes.

    1) Portos marítimos
    2) Portos fluviais
    3) Portos lacustres
    4) Navegação de cabotagem

    ( ) São aqueles que recebem linhas de navegação oriundas e destinadas a outros portos dentro da mesma região hidrográfica, ou com comunicação por águas interiores.

    ( ) São aqueles aptos a receber linhas de navegação oceânicas, tanto em navegação de longo curso (internacionais) como em navegação de cabotagem (domésticas), independente da sua localização geográfica.

    ( ) São aqueles que recebem embarcações de linhas de dentro de lagos, em reservatórios restritos, sem comunicação com outras bacias.

    ( ) É uma navegação realizada entre os pontos internos de um mesmo país – por exemplo, do Porto de Itajaí (SC) até o Porto de Manaus (AM).

    Agora, assinale a alternativa que indica a sequência correta:
    a) 2, 1, 3, 4.
    b) 2, 4, 1, 3.
    c) 4, 3, 1, 2.
    d) 1, 2, 3, 4.
    e) 2, 4, 3, 1.

2. Qual é o aeroporto brasileiro com maior movimentação de cargas para o comércio exterior?
    a) Aeroporto Eduardo Gomes, em Manaus (AM).
    b) Aeroporto Val-de Cans – Júlio Cezar Ribeiro, em Belém (PA).

c) Aeroporto de Belo Horizonte-Confins (MG).
   d) Aeroporto de Guarulhos (SP).

3. Entre os modais utilizados no comércio exterior, é o modal mais usado. Segundo um estudo da Organização Mundial do Comércio (OMC), esse modal corresponde a 80% das mercadorias que circulam no comércio internacional.
   A afirmação acima se refere ao modal:
   a) marítimo.
   b) rodoviário.
   c) aéreo.
   d) por drones.
   e) gasoduto.

4. Considerando-se apenas a porção continental do território brasileiro, qual modal é o mais utilizado atualmente no Brasil?
   a) Marítimo.
   b) Rodoviário.
   c) Aéreo.
   d) Ferroviário.
   e) Gasoduto.

5. Por que o transporte é considerado um fator essencial na localização de uma indústria? Assinale a alternativa **incorreta**:
   a) Constitui parte importante e integrante dos sistemas de produção.
   b) Facilita a interação entre lugares.
   c) Permite que produtores e consumidores realizem transações ou trocas comerciais.
   d) Aumenta os custos, enfraquecendo a economia de um país ou região.
   e) Permite o escoamento da produção.

Atividades de aprendizagem

Questões para reflexão

1. É fato que a evolução nos sistemas de transporte e comunicação permitiu a "compressão do espaço pelo tempo". Mas o que de fato essa expressão significa? Reflita sobre casos que podem exemplificar essa ideia e explique se você concorda ou não com a afirmação.

2. Se o transporte ferroviário é importante principalmente para países que possuem extensões territoriais bastante consideráveis, então por que o Brasil não utiliza esse tipo de modal de maneira mais intensa?

Atividades aplicadas: prática

1. Acesse o portal Comex Stat, do Ministério da Indústria, Comércio Exterior e Serviços, e pesquise quais são os principais produtos exportados em três portos brasileiros. Analise os principais destinos de acordo com o tipo de produto e a localização geográfica. Depois, elabore uma tabela com as informações coletadas. Com esse exercício, você consegue visualizar os fluxos de exportação por porto.
COMEX STAT. Disponível em: <http://comexstat.mdic.gov.br>. Acesso em: 26 nov. 2018.

Considerações finais

Escrevemos este livro com o objetivo de apresentar uma análise acerca do papel que a indústria exerce na produção e transformação do espaço geográfico. Além disso, realizamos um esforço no sentido de tentar fornecer os elementos necessários para que você, leitor ou leitora, fosse capaz de estabelecer as relações entre indústria e espaço, partindo da perspectiva que a geografia econômica e a geografia industrial assumem na compreensão dos fenômenos que envolvem a interseção entre as atividades econômicas e industriais e o espaço geográfico.

Em nossa abordagem, mostramos que a geografia industrial é um ramo do conhecimento muito útil para o exercício da prática profissional, pois permite ao estudante e ao profissional dessa área desenvolver competências não apenas conceituais e teóricas, mas também técnicas. Isso ficou evidente quando discutimos conceitos como *value chains*, *networks* e *upgrading* industrial, e analisamos dados no âmbito das estatísticas de comércio internacional, as variáveis utilizadas e os diversos tipos de indústria e atividades econômicas.

Destacamos também que a indústria é um tema que dialoga com diversas áreas dentro e fora da geografia. Envolve questões sociais, trabalhistas, de políticas industriais ou públicas, questões ambientais, econômicas, culturais etc. Por ser fundamental para o desenvolvimento econômico em diversos países, a indústria exerce papel significativo também no planejamento e gestão governamentais.

Considerando-se o tema em um recorte transversal e didático, a indústria é uma fonte inesgotável de ideias e possibilidades de análise. A partir da indústria, é possível estabelecer relações com a agricultura, o comércio, o consumo e o descarte final de resíduos. Desse ponto surgem novamente outros *links*, agora com as questões ambientais, econômicas e culturais. Dessa forma, a indústria é um tópico importante tanto no contexto das estratégias de ensino e aprendizagem como no da realização de pesquisas e projetos que envolvam empresas, comunidades, instituições etc. Trata-se, portanto, de uma arena multi e transdisciplinar.

A indústria também pode ser entendida na perspectiva da relação que estabelece entre lugares, regiões, economias e setores distintos. Procuramos demonstrar isso com discussões teóricas e práticas, sobretudo fazendo uso de abordagens sistêmicas, como no caso da perspectiva nexo firma-território, de Peter Dicken, mas também de outras perspectivas, como a das cadeias de valor e a das redes globais de produção. As relações entre indústrias, economias e regiões tornam-se evidentes quando se examinam as transações no âmbito do comércio internacional e também nas esferas da produção.

Por último, mas não menos importante, esperamos ter contribuído para que você possa compreender que a indústria produz espaço, mas também é influenciada pelos contextos espaciais, sociais, culturais e institucionais nos quais está inserida. É por isso que afirmamos que a indústria transforma, mas também é transformada pelo espaço geográfico. Se este livro conseguiu demonstrar essa relação entre indústria e espaço e a produção do espaço geográfico a partir das relações entre esses dois elementos, então nossa tarefa foi cumprida.

Referências

ABEAR – Associação Brasileira das Empresas Aéreas. Disponível em: <http://www.abear.com.br/>. Acesso em: 26 nov. 2018.

AERO MAGAZINE. Disponível em: <http://aeromagazine.uol.com.br/>. Acesso em: 26 nov. 2018.

ALBUQUERQUE, A. B. de. Coreia do Sul e Taiwan: uma história comparada do pós-guerra. In: CONGRESSO BRASILEIRO DE HISTÓRIA ECONÔMICA, 12.; CONFERÊNCIA INTERNACIONAL DE HISTÓRIA DE EMPRESAS, 13., 2017, Niterói. **Anais...** Niterói: UFF/ABPHE, 2017. Disponível em: <http://www.abphe.org.br/uploads/ABPHE%202017/7%20Coreia%20do%20Sul%20e%20Taiwan.pdf>. Acesso em: 26 nov. 2018.

ALVES, A. R. **A indústria automobilística nos países do Mercosul**: territórios, fluxos e upgrading industrial. 210 f. Tese (Doutorado em Geografia) – Universidade Federal do Paraná, Curitiba, 2016.

ALVES, A. R. A localização das unidades industriais das montadoras de autoveículos no Mercosul. **Revista GeoUECE**, Fortaleza, v. 3, n. 4, p. 34-59, jan./jun. 2014.

_____. **Geografia econômica e geografia política**. Curitiba: InterSaberes, 2015.

_____. **Porto de Paranaguá**. 2017a. 1 fot.: color.

_____. **Usina Hidrelétrica de Itaipu**. 2017b. 1 fot.: color.

AMIN, A. Globalisation and Regional Development: a Relational Perspective. **Competition and Change**, v. 3, p. 145-165, 1998.

ANTAQ – Agência Nacional de Transporte Aquaviário. **Informações geográficas**. Disponível em: <http://portal.antaq.gov.br/index.php/informacoes-geograficas/>. Acesso em: 26 nov. 2018a.

_____. **Perguntas frequentes**. Disponível em: <http://portal.antaq.gov.br/index.php/perguntas-frequentes/>. Acesso em: 26 nov. 2018b.

ANTAQ – Agência Nacional de Transporte Aquaviário. Resolução n. 2.969, de 4 de julho de 2013. Disponível em: <http://www.abtp.org.br/upfiles/legislacao/Resolucao-Antaq-2969-de-2013.pdf>. Acesso em: 26 nov. 2018.

ANTUNES, E. M. **A faixa de fronteira brasileira sob o contexto da integração econômica**. 216 f. Tese (Doutorado em Geografia) – Universidade Federal do Paraná, Curitiba, 2015.

ARRUDA, J. J. de A. **A Revolução Industrial**. São Paulo: Ática, 1988.

ATLAS DO DESENVOLVIMENTO HUMANO NO BRASIL. **Paraná**. Disponível em: <http://atlasbrasil.org.br/2013/pt/perfil_uf/parana>. Acesso em: 26 nov. 2018.

BARRIENTOS, S.; GEREFFI, G.; ROSSI, A. Economic and Social Upgrading in Global Production Networks: a New Paradigm for a Changing World. **International Labour Review**, Geneva, v. 150, n. 3/4, p. 319-340, Dec. 2011.

BECARD, D. S. R. **O Brasil e a República Popular da China**: política externa comparada e relações bilaterais (1974-2004). Brasília: Funag, 2008.

BECKER, B.; EGLER, C. **Brasil**: uma potência regional na economia-mundo. 3. ed. Rio de Janeiro: Bertrand Brasil, 1998.

BRASIL. Departamento Nacional de Infraestrutura de Transportes. **Nomenclatura das rodovias federais**. 5 abr. 2017. Disponível em: <http://www.dnit.gov.br/rodovias/rodovias-federais/nomeclatura-das-rodovias-federais/>. Acesso em: 26 nov. 2018.

BRASIL. Ministério da Fazenda. Secretaria da Receita Federal. **Classificação Nacional de Atividades Econômicas**: apresentação. 9 dez. 2014. Disponível em: <http://idg.receita.fazenda.gov.br/orientacao/tributaria/cadastros/cadastro-nacional-de-pessoas-juridicas-cnpj/classificacao-nacional-de-atividades-economicas-2013-cnae/apresentacao>. Acesso em: 26 nov. 2018.

BRASIL. Ministério da Indústria, Comércio Exterior e Serviços. **Estatísticas de comércio exterior**. Disponível em: <http://www.mdic.gov.br/comercio-exterior/estatisticas-de-comercio-exterior/>. Acesso em: 26 nov. 2018a.

BRASIL. Ministério das Relações Exteriores. Consulado-Geral do Brasil em Hong Kong. **Sobre Hong Kong**. Disponível em: <http://hongkong.itamaraty.gov.br/pt-br/sobre_hong_kong.xml>. Acesso em: 26 nov. 2018b.

_____. Embaixada do Brasil em Singapura. **Comércio bilateral**. Disponível em: <http://cingapura.itamaraty.gov.br/pt-br/panorama_economico_brasil-cingapura.xml>. Acesso em: 26 nov. 2018c.

BRASIL. Ministério dos Transportes, Portos e Aviação Civil. **Mapas e bases dos modos de transporte**. 2 out. 2018d. Disponível em: <http://www.transportes.gov.br/component/content/article/63-bit/5124-bitpublic.html#maphidro%20l>. Acesso em: 26 nov. 2018.

CNT – Confederação Nacional do Transporte. **Boletim Estatístico**. Disponível em: <http://www.cnt.org.br/Boletim/boletim-estatistico-cnt>. Acesso em: 26 nov. 2018.

COE, N. et al. 'Globalizing' Regional Development: a Global Production Networks Perspective. **Transactions of the Institute of British Geographers**, v. 29, n. 4, p. 468-484, 2004.

_____. Making Connections: Global Production Networks and World City Networks. **Global Networks**, v. 10, n. 1, p. 138-149, Jan. 2010.

COE, N.; DICKEN, P.; HESS, M. Global Production Networks: Realizing the Potential. **Journal of Economic Geography**, Oxford, v. 8, n. 3, p. 271-295, 2008.

COE, N.; JORDHUS-LIER, D. Constrained Agency? Re-evaluating the Geographies of Labour. **Progress in Human Geography**, London, v. 35, n. 2, p. 211-233, 2011.

COOK, I. Follow the Thing: Papaya. **Antipode**, v. 36, n. 4, p. 642-664, 2004.

CUSINATO, R. T.; MINELLA, A.; PÔRTO JÚNIOR, S. da S. Produção industrial no Brasil: uma análise de dados em tempo real. **Economia Aplicada**, Ribeirão Preto, v. 17, n. 1, jan./mar. 2013.

DAVIDOVICH, F. Aspectos geográficos de um centro industrial: Jundiaí em 1962. **Revista Brasileira de Geografia**, v. 28, n. 4, p. 35-80, 1966.

DICKEN, P.; MALMBERG, A. Firms in Territories: a Relational Perspective. **Economic Geography**, v. 77, n. 4, p. 345-363, 2001.

DONDA JÚNIOR, A. **Fatores influentes no processo de escolha da localização agroindustrial no Paraná**: estudo de caso de uma agroindústria de aves. Dissertação (Mestrado em Engenharia de Produção) – Universidade Federal de Santa Catarina, Florianópolis, 2002. Disponível em: <https://repositorio.ufsc.br/bitstream/handle/123456789/83844/193463.pdf?sequence=1>. Acesso em: 26 nov. 2018.

ENGENHARIA RODOVIÁRIA. **A importância da engenharia rodoviária**. Disponível em: <http://engenhariarodoviaria.com.br/introducao/>. Acesso em 26 nov. 2018.

FIAS. **Special Economic Zone**: Performance, Lessons Learned, and Implication for Zone Development. Washington: World Bank, 2008.

FIRKOWSKI, O. L. C. de F. A dimensão espacial da implantação da indústria automobilística no aglomerado metropolitano de Curitiba. In: ARAUJO, S. M. de (Org.). **Trabalho e capital em trânsito**: a indústria automobilística no Brasil. Curitiba: Ed. da UFPR, 2007. p. 49-78.

FIRKOWSKI, O. L. C. de F.; SPOSITO, E. S. **Indústria, ordenamento do território e transportes**: a contribuição de André Fischer. São Paulo: Expressão Popular, 2008.

GEIGER, P. P. Urbanização e industrialização da orla oriental da baía de Guanabara. **Revista Brasileira de Geografia**, v. 18, n. 4, p. 435-518, 1956.

GEORGE, P. **Geografia econômica**. Rio de Janeiro: Fundo de Cultura, 1965.

GEREFFI, G.; KORZENIEWICZ, M. (Ed.). **Commodity Chains and Global Capitalism**. Westport: Praeger, 1994.

GHINATO, P. Sistema Toyota de Produção: mais do que simplesmente Just-in-Time. **Produção**, v. 5, n. 2, p. 169-190, 1995.

GOLDENSTEIN, L. **Industrialização da Baixada Santista**: estudo de um centro industrial satélite. São Paulo: IGEOG/USP, 1972. (Série Teses e Monografias, n. 7).

GREGORY, D. et al. **The Dictionary of Human Geography**. Oxford: Blackwell Publishers, 2000.

GREMAUD, A. P.; VASCONCELLOS, M. A. S.; TONETO JÚNIOR, R. **Economia brasileira contemporânea**. 7. ed. São Paulo: Atlas, 2007.

HENDERSON, J. et al. Global Production Networks and the Analysis of Economic Development. **Review of International Political Economy**, v. 9, n. 3, p. 436-464, 2002.

HENDERSON, J. et al. Redes de produção globais e a análise do desenvolvimento econômico. **Revista Pós-Ciências Sociais**, Maranhão, v. 8, n. 15, jan./jun. 2011.

HODJERA, Z. The Asian Currency Market: Singapore as a Regional Financial Center. **Staff Papers – International Monetary Fund**, v. 25, n. 2, p. 221-253, June 1978.

HOPKINS, T.; WALLERSTEIN, I. Commodity Chains in the World-Economy prior to 1800. In: GEREFFI, G.; KORZENIEWICZ, M. (Ed.). **Commodity Chains and Global Capitalism**. Westport: Praeger, 1994, p. 15-17.

HOUAUSS, A.; VILLAR, M. de S. **Dicionário Houaiss da língua portuguesa**. Rio de Janeiro: Objetiva, 2009.

IBGE – Instituto Brasileiro de Geografia e Estatística. Brasil em Síntese. **Indústria**: produção industrial. Disponível em: <https://brasilemsintese.ibge.gov.br/industria/producao-industrial.html>. Acesso em: 26 nov. 2018a.

IBGE – Instituto Brasileiro de Geografia e Estatística. Comissão Nacional de Classificação. **Classificação Nacional de Atividades Econômicas**. Disponível em: <http://cnae.ibge.gov.br/?view=estrutura>. Acesso em: 26 nov. 2018b.

_____. **Classificação Nacional de Atividades Econômicas**: indústrias de transformação. Disponível em: <https://cnae.ibge.gov.br/?view=secao&tipo=cnae&versaosubclasse=9&versaoclasse=7&secao=C>. Acesso em: 26 nov. 2018c.

_____. **Classificação Nacional de Atividades Econômicas**: indústrias extrativas. Disponível em: <https://concla.ibge.gov.br/busca-online-cnae.html?secao=B&tipo=cnae&versaoclasse=7&versaosubclasse=9&view=secao>. Acesso em: 26 nov. 2018d.

IBGE – Instituto Brasileiro de Geografia e Estatística. **Indicadores IBGE**: Pesquisa Industrial Mensal – Produção Física – janeiro 2017. Rio de Janeiro, 2017a. Disponível em: <https://biblioteca.ibge.gov.br/visualizacao/periodicos/228/pim_pfbr_2017_jan.pdf>. Acesso em: 26 nov. 2018.

_____. **Indicadores IBGE**: Pesquisa Industrial Mensal – Produção Física – junho 2017. Rio de Janeiro, 2017b. Disponível em: <https://biblioteca.ibge.gov.br/visualizacao/periodicos/228/pim_pfbr_2017_jun.pdf>. Acesso em: 26 nov. 2018.

_____. **Logística dos transportes no Brasil**. Disponível em: <http://www.ibge.gov.br/home/presidencia/noticias/imprensa/ppts/00000019704411122014440525174699.pdf>. Acesso em: 26 nov. 2018e.

_____. **Países**: China. Disponível em: <https://paises.ibge.gov.br/#/pt/pais/china/info/sintese>. Acesso em: 26 nov. 2018f.

_____. **Pesquisa Industrial Mensal**: Produção Física – Regional. Notas metodológicas. Disponível em: <https://www.ibge.gov.br/home/estatistica/indicadores/industria/pimpf/regional/notas_metodologicas.shtm>. Acesso em: 26 nov. 2018g.

IBGE – Instituto Brasileiro de Geografia e Estatística. **Produto Interno Bruto dos Municípios**: séries históricas. Disponível em: <https://www.ibge.gov.br/estatisticas-novoportal/economicas/contas-nacionais/9088-produto-interno-bruto-dos-municipios.html?edicao=18760&t=series-historicas>. Acesso em: 26 nov. 2018h.

IGLÉSIAS, F. **A industrialização brasileira**. 2. ed. São Paulo: Brasiliense, 1986.

ILOS. **Transporte de cargas e a encruzilhada do Brasil para o futuro**. Disponível em: <http://www.ilos.com.br/web/tag/matriz-de-transportes/>. Acesso em: 3 dez. 2018.

IPEA – Instituto de Pesquisa Econômica Aplicada. **Presença do Estado no Brasil**: Federação, suas unidades e municipalidades. 9 dez. 2009. Disponível em: <http://www.ipea.gov.br/presenca/index.php?option=com_content&view=article&id=28&Itemid=18>. Acesso em: 22 nov. 2018.

JUST-IN-TIME. In: **English Oxford Living Dictionaries**. Disponível em: <https://en.oxforddictionaries.com/definition/just-in-time>. Acesso em: 5 dez. 2018.

KAPLINSKY, R.; MORRIS, M. **A Handbook for Value Chain Research**. Brighton: IDS, 2001. Disponível em: <http://www.prism.uct.ac.za/Papers/VchNov01.pdf>. Acesso em: 26 nov. 2017.

LOGISTICA DESCOMPLICADA. **Pesquisa infraestrutura parte 3**: aeroportos brasileiros. Disponível em: <https://www.logisticadescomplicada.com/pesquisa-infraestrutura-aeroportos-brasileiros/>. Acesso em: 26 nov. 2018.

MALMBERG, A. Industrial Geography. **Progress in Human Geography**, v. 18, n. 4, p. 532-540, 1994.

MAMIGONIAN, A. Estudo geográfico das indústrias de Blumenau. **Revista Brasileira de Geografia**, v. 28, n. 3, p. 389-481, 1965.

MAMIGONIAN, A. Teorias sobre a industrialização brasileira. **Cadernos Geográficos**, Florianópolis, ano 2, n. 2, maio 2000.

MARKUSEN, A. Sticky Places in Slippery Space: a Typology of Industrial Districts. **Economic Geography**, v. 72, n. 3, p. 293-313, jun. 1996.

MARTUSCELLI, P. As relações Brasil e Taiwan: aprendizado e possibilidade de ganhos mútuos. **Revista Mundorama**, Brasília, 29 abr. 2014. Disponível em: <https://www.mundorama.net/?p=14048>. Acesso em: 26 nov. 2018.

MASIERO, G. A economia coreana: características estruturais. In: GUIMARÃES, S. P. (Org.). **Coreia**: visões brasileiras. Brasília: Instituto de Pesquisa de Relações Internacionais/Fundação Alexandre de Gusmão, 2002. p. 199-252.

MASIERO, G. A economia coreana: características estruturais. In: ENCONTRO DE ESTUDOS COREANOS NA AMÉRICA LATINA, 3., 2007. Disponível em: <http://www.pucsp.br/geap/artigos/art6.PDF>. Acesso em: 26 nov. 2018.

_____. As lições da Coreia do Sul. **RAE Executivo**, v. 1, n. 2, p. 17-21, nov. 2002/jan. 2003.

MASIERO, G.; COELHO, D. B. A política industrial chinesa como determinante de sua estratégia going global. **Revista de Economia Política**, v. 34, n. 1, p. 139-157, jan./mar. 2014.

MEDEIROS, C. A. de. Globalização e a inserção internacional diferenciada da Ásia e América Latina. Disponível em: <http://www.ie.ufrj.br/ecopol/pdfs/42/g19.pdf>. Acesso em: 26 nov. 2018.

MENEZES, W. **O direito do mar**. Brasília: Funag, 2015.

MONASTERIO, L.; CAVALCANTE, L. R. Fundamentos do pensamento econômico regional. In: CRUZ, B. de O. et al. (Org.). **Economia regional e urbana**: teorias e métodos com ênfase no Brasil. Brasília: IPEA, 2011. p. 43-78. Disponível em: <http://www.ipea.gov.br/portal/images/stories/PDFs/livros/livros/livro_econregionalurbanaa.pdf>. Acesso em: 26 nov. 2018.

MORAES, B. de P. **Zonas de processamento de exportações**: um instrumento defasado? Artigo (Especialização em Relações Internacionais) – Universidade de Brasília, Brasília, 2015.

MOTTA, P. C. D. Ambiguidades metodológicas do jus-in-time. In: ENCONTRO ANUAL DA ANPAD, 17., 1993, Salvador.

MUNDO GEOGRÁFICO. **Fusos horários**: você sabe como funciona? Disponível em: <http://mundogeografico.com.br/fusos-horarios-voce-sabe-como-funciona/>. Acesso em: 26 nov. 2018.

NONNENBERG, M. J. B. China: estabilidade e crescimento econômico. **Revista de Economia Política**, v. 30, n. 2, p. 201-218, abr./jun. 2010.

OLIVEIRA, A. L. S. **O investimento direto das empresas chinesas no Brasil**: um estudo exploratório. 233 f. Dissertação (Mestrado em Engenharia de Produção) – Universidade Federal do Rio de Janeiro, 2012.

OLIVER, S. Cargas aéreas no Brasil. **Aeromagazine**, 7 nov. 2014. Disponível em: <http://aeromagazine.uol.com.br/artigo/cargas-aereas-no-brasil_1821.html>. Acesso em: 26 nov. 2018.

ONUBR – Nações Unidas do Brasil. **UNIDO – Organização das Nações Unidas para o Desenvolvimento Industrial**. Disponível em: <https://nacoesunidas.org/agencia/unido/>. Acesso em: 26 nov. 2018.

PADULA, R. **Transportes**: fundamentos e propostas para o Brasil. Brasília: Confea, 2008.

PARANÁ. Secretaria de Infraestrutura e Logística. Administração dos Portos de Paranaguá e Antonina. **História do Porto de Paranaguá**. Disponível em: <http://www.portosdoparana.pr.gov.br/modules/conteudo/conteudo.php?conteudo=26>. Acesso em: 26 nov. 2018.

PEBINHA DE AÇÚCAR. **Vale reafirma**: minério de Parauapebas acaba em menos de 20 anos. 12 jul. 2018. Disponível em: <https://pebinhadeacucar.com.br/vale-reafirma-minerio-de-parauapebas-acaba-em-menos-de-20-anos/>. Acesso em: 26 nov. 2018.

PEREIRA, M. de A.; LENDZION, E. (Org.). **Apostila de sistemas de transportes**. Universidade Federal do Paraná, Setor de Tecnologia, Departamento de Transportes, ago. 2013. Disponível em: <http://www.dtt.ufpr.br/Sistemas/Arquivos/apostila-sistemas-2013.pdf>. Acesso em: 26 nov. 2018.

PEREZ, C. Technological Revolutions and Techno-Economic Paradigms. **Cambridge Journal of Economics**, v. 34, n. 1, p. 185-202, 2010.

PINTO, G. A. **A organização do trabalho no século XX**: taylorismo, fordismo e toyotismo. 3. ed. São Paulo: Expressão Popular, 2013.

PORTER, M. **Competitive Advantage**: Creating and Sustaining Superior Performance. London: Macmillan, 1985.

_____. **The Competitive Advantage of Nations**. London: Macmillan, 1990.

RAMALHO, J. R.; SANTOS, R. S. P. dos; LIMA, R. J. da C. Estratégias de desenvolvimento industrial e dinâmicas territoriais de contestação social e confronto político. **Sociologia e Antropologia**, Rio de Janeiro, v. 3, n. 5, p. 175-200, jun. 2013.

RAZZOLINI FILHO, E. **Transporte e modais com suporte de TI e SI**. Curitiba: InterSaberes, 2012.

REED, L. W. et al. Como ocorreu o milagre econômico de Hong Kong: da pobreza à prosperidade. **Mises Brasil**, 14 fev. 2014. Disponível em: <http://www.mises.org.br/Article.aspx?id=1804>. Acesso em: 26 nov. 2018.

RENWICK, C. **Rethinking "Industrial Revolution" in History of Science**. 2 out. 2013. Disponível em: <http://dissertationreviews.org/archives/5110>. Acesso em: 22 out. 2018.

RESINA, L. A. **Crescimento e desenvolvimento econômico de Cingapura após a independência**. Trabalho de Conclusão de Curso (Graduação em Ciências Econômicas) – Universidade Estadual Paulista Júlio de Mesquita Filho, Araraquara, 2013. Disponível em: <http://hdl.handle.net/11449/122971>. Acesso em: 26 nov. 2018.

REVISTA PORTUÁRIA. Disponível em: <http://www.revistaportuaria.com.br/novo/>. Acesso em: 26 nov. 2018.

SANTOS, M. **Economia espacial**: críticas e alternativas. São Paulo: Edusp, 2003.

_____. Localização industrial em Salvador. **Revista Brasileira de Geografia**, v. 20, n. 3, p. 247-276, 1958.

SANTOS, R. S. P. **A Forja do Vulcano**: siderurgia e desenvolvimento na Amazônia Oriental e no Rio de Janeiro. 275 f. Tese (Doutorado em Sociologia e Antropologia) – Universidade Federal do Rio de Janeiro, Rio de Janeiro, 2010.

SELINGARDI-SAMPAIO, S. Evolução e perspectivas da Geografia Industrial no Brasil. **Boletim de Geografia Teorética**, Rio Claro, v. 16-17, n. 31-34, p. 263-269, 1987.

SELWYN, B. Beyond Firm-Centrism: Re-Integrating Labour and Capitalism into Global Commodity Chain Analysis. **Journal of Economic Geography**, Oxford, v. 12, n. 1, p. 205-226, 2012.

SERRA, A. M. de A. Singapura: a história de um sucesso económico. **Documentos de Trabalho**, Lisboa, n. 40, 1996. Disponível em: <https://pascal.iseg.utl.pt/~cesa/DocTrab_40.pdf>. Acesso em: 26 nov. 2018.

SMITH, A. et al. Networks of Value, Commodities and Regions: Reworking Divisions of Labour in Macro-Regional Economies. **Progress in Human Geography**, London, v. 26, n. 1, p. 41-63, 2002.

SMITH, N. Quem manda nesta fábrica de salsicha? **Geosul**, Florianópolis, v. 18, n. 35, p. 27-42, jan./jun. 2003. Disponível em: <https://periodicos.ufsc.br/index.php/geosul/article/view/13600>. Acesso em: 26 nov. 2018.

SOANES, C.; STEVENSON, A. (Ed). **Concise Oxford English Dictionary**. 11. ed. Oxford: Oxford University Press, 2008.

STORPER, M.; WALKER, R. **The Capitalist Imperative**: Territory, Technology and Industrial Growth. Oxford: Blackwell, 1989.

STURGEON, T. J.; GEREFFI, G. Measuring Success in the Global Economy: International Trade, Industrial Upgrading, and Business Function Outsourcing in Global Value Chains. **Transnational Corporations**, v. 18, n. 2, p. 1-36, Aug. 2009.

VARGAS, H. C. **A importância das atividades terciárias no desenvolvimento regional**. Dissertação (Mestrado em Arquitetura e Urbanismo) – Universidade de São Paulo, São Paulo, 1985.

VASCONCELLOS, M. de; CARDOSO, M. Com robôs, escritório atua em mais de 360 mil processos com 420 advogados. **Consultor Jurídico**, 5 mar. 2016.

Disponível em: <http://www.conjur.com.br/2016-mar-05/robos-escritorio-atua-360-mil-processos-420-advogados?>. Acesso em: 26 nov. 2018.

WATTS, H. D. **Industrial Geography**. Harlow: Longman, 1987.

WTO – World Trade Organization. **World and Regional Merchandise Export Profiles – October 2015**. Disponível em: <https://www.wto.org/english/res_e/statis_e/world_region_export_14_e.pdf>. Acesso em: 26 nov. 2018.

YUCING, G. G. China: o impacto das reformas econômicas chinesas dentro e fora do país. **Conjuntura Internacional**, 7 set. 2013. Disponível em: <https://pucminasconjuntura.wordpress.com/2013/09/07/china-o-impacto-das-reformas-economicas-chinesas-dentro-e-fora-do-pais/>. Acesso em: 26 nov. 2018.

ZHANG, L.; SCHIMANSKI, S. Cadeias globais de valor e os países em desenvolvimento. **Boletim de Economia e Política Internacional**, n. 18, p. 73-92, set./dez. 2014.

Bibliografia comentada

ALVES, A. R. **Geografia econômica e geografia política**. Curitiba: InterSaberes, 2015.

Nessa obra, o autor trata, de maneira mais abrangente, da especificidade da geografia econômica e analisa as principais teorias de localização das atividades econômicas, explorando questões práticas e teóricas. A indústria também tem papel de destaque na obra e é tema discutido em sua relação com o espaço urbano, a globalização e a circulação do capital na sociedade capitalista de modo geral.

ALVES, A. R. Geografia econômica da América Latina. In: ALVES A. R. et al. **Perspectivas e abordagens geográficas contemporâneas**. Curitiba: InterSaberes, 2018. p. 101-136.

Abordando temas e questões que interceptam o tema da indústria, o autor realiza uma análise com enfoque na América Latina, examinado o problema da escala, da configuração espacial e da composição dessa macrorregião. Quando trata das questões econômicas, o autor analisa as relações entre a América Latina e os demais países, enfatizando as relações no âmbito do comércio internacional e, em particular, das atividades econômicas realizadas no espaço geográfico brasileiro.

DICKEN, P. **Global Shift**: Transforming the World Economy. 3. ed. New York: Guilford Press, 1998.

_____. **Global Shift**: Mapping the Changing Contours of the World Economy. 6. ed. New York: Guilford Press, 2011.

No livro intitulado *Global Shift*, o autor Peter Dicken, geógrafo economista britânico, argumenta que as tecnologias de transporte e de comunicação desempenham dois papéis distintos, porém complementares e intimamente relacionados. Para ele, o desenvolvimento em ambos os sistemas transformou o mundo, permitindo uma mobilidade de materiais e produtos sem precedentes, bem como a globalização dos mercados. Trata-se da referência fundamental para os interessados em estudos de geografia econômica e industrial.

KAPLINSKY, R. Globalization, Poverty and Inequality: between a Rock and a Hard Place. Cambridge: Polity Press, 2005.

Raphael Kaplinsky é um dos autores mais importantes no que concerne à análise do processo de globalização econômica, sobretudo na perspectiva da *Global Value Chains*. As pesquisas desenvolvidas por Kaplinsky no Institute of Development Studies (IDS) influenciaram pesquisadores de diversas áreas e países, sobretudo no contexto anglo-americano. Nessa obra, o autor defende a ideia de que a simples inserção de países e indústrias no processo de globalização não é determinante para o sucesso desses países e indústrias. A questão é: nem todos estão prontos para se integrarem à economia mundial, e mesmo aqueles considerados prontos devem refletir cautelosamente sobre o modo como se inserem em mercados e estratégias globais.

Respostas

Capítulo 1

1. c
2. a
3. d
4. b
5. c

Capítulo 2

1. a
2. c
3. 01, 08, 16 = 25
4. d
5. c

Capítulo 3

1. a
2. d
3. a
4. b
5. d

Capítulo 4

1. c
2. b
3. a
4. c
5. d

Capítulo 5

1. d
2. d
3. b
4. a
5. d

Capítulo 6

1. a
2. d
3. a
4. b
5. d

Solução para o estudo de caso (Capítulo 4)

Para solucionarmos o estudo de caso, optamos por escolher como atividade econômica a produção de lâminas destinadas à produção de cortadores de grama elétricos. Analisando o caso apresentado, a X Produções é considerada a produtora de cortadores de grama elétricos, e a Y Fornecedores é a empresa responsável pela produção de lâminas para os cortadores.

Todos os insumos necessários para a Y Fornecedores já estão presentes no local de produção, ou seja, a Y Fornecedores já possui os insumos e as matérias-primas necessários para realizar a produção de lâminas no curto prazo. O tempo requerido para a produção da quantidade de lâminas solicitada pela X Produções será de 8 horas de trabalho

Considerando-se que a Y Fornecedores aceita solicitações por meio de um serviço disponível em um aplicativo de celular, monitorado 24 horas por dia, ela dá início à produção no exato momento em que o pedido é realizado. No caso em análise, a ordem foi dada imediatamente, ou seja, às 7 h da manhã do dia 2 de fevereiro de 2028.

Recebida a ordem, a produção das lâminas na Y Fornecedores se inicia 30 minutos após o comando dado no aplicativo do celular pela X Produções. Às 15h30, a quantidade demandada já está disponível para entrega em caixas acondicionadas adequadamente para o transporte. Como a Y Fornecedores mantém os setores de logística, transportes e comunicação conectados ao sistema de encomendas e ações realizadas na fábrica, um caminhão já está aguardando o carregamento dos materiais na fábrica de lâminas da própria Y Fornecedores.

O tempo para carregar o caminhão é de apenas 30 minutos. Isso significa que todo o processo é finalizado na Y Fornecedores às 16h do dia 2 de fevereiro de 2028. Como a distância entre a X Produções e a Y Fornecedores é de 2 horas de viagem, fazendo-se o transporte por caminhão, a entrega das lâminas à X Produções poderá ocorrer por volta das 18h do dia 2 de fevereiro de 2028.

Em outras palavras, de acordo com o cenário apresentado, a Y Fornecedores conseguiria atender à demanda no curto prazo e poderia realizar a entrega das lâminas à X Produções no dia 2 de fevereiro de 2028, às 18h, ou, alternativamente, no dia seguinte, no horário determinado pela X Produções.

Perceba que, neste estudo de caso, apresentamos apenas um exemplo de como poderíamos abordar a questão descrita. Dependendo da escolha dos produtos, insumos e/ou matérias-primas feita pelo leitor, outras dificuldades poderiam surgir na análise, resultando até mesmo na impossibilidade de a Y Fornecedores atender à demanda por parte da X Produções.

A geografia envolvida na relação entre as empresas analisadas neste caso ficou implícita. De qualquer maneira, se o leitor optar por analisar um caso concreto, com empresas e lugares reais, certamente notará a importância da dimensão espacial na análise e também o modo como empresas, instituições, trabalhadores e outros agentes produzem e transformam o espaço geográfico em diferentes escalas.

Sobre os autores

Alceli Ribeiro Alves é doutor em Geografia pela Universidade Federal do Paraná (UFPR), mestre em Geografia pela Universidade Queen Mary-Universidade de Londres e graduado em licenciatura e bacharelado em Geografia pela UFPR. Já lecionou a disciplina de Geografia no ensino fundamental e médio no Brasil, bem como em escolas e academias de ensino da Inglaterra (GCSE e *A levels*). Atuou também no Instituto Federal do Paraná (IFPR) como tutor e professor da disciplina de Plano Diretor no Curso Técnico em Serviços Públicos (2010-2012). Atualmente, é professor do Centro Universitário Internacional Uninter, onde leciona em diversos cursos de graduação e pós-graduação. Também desenvolve projetos vinculados à pós-graduação no âmbito dessa mesma instituição.

Eloisa Maieski Antunes é CEO da GeographicData e tem graduação em Geografia, MBA em Gestão Empresarial e doutorado em Geografia Econômica pela Universidade Federal do Paraná (UFPR). Atuou como pesquisadora convidada na Université Sorbonne Paris 1, onde trabalhou com desenvolvimento de banco de dados de empresas multinacionais, análise econômica e de comércio internacional. Também trabalha como professora universitária na área de Geografia Econômica e Logística. Tem várias publicações em revistas especializadas e livros no Brasil e no exterior.

Impressão:
Dezembro/2018